勝 ち 続 け る 意 志 力

如何一直赢

电竞冠军梅原大吾的胜负哲学

[日] 梅原大吾 著 刘海燕 译

中国友谊出版公司

目　录

前　言

"难以置信……"

当时画面留下了这样一行字。

2004年夏天，我在美国加利福尼亚州参加了一年一度聚集了全球高手的规模最大、顶级的格斗游戏大赛"Evolution 2004"，即"EVO"。如今，"EVO"已经发展成参赛者达4 000人、观众达7 000人规模的格斗竞技大赛了。

这场受到全世界格斗游戏迷关注的大赛从7月29日开始至8月1日结束，共有9个项目的争霸比赛。

在《街头霸王3：三度冲击》的半决赛中，我的对手是美国最强的选手贾斯汀·王。实际上对我来说这是一场决定谁是冠军的对战。后来人们把这场比赛称为"背水的逆转""37秒的奇迹"。

当天作为会场的大学体育馆中，挤满了热爱格斗游戏的美国人。

在被窗帘遮挡的黑暗空间里，充满了欢呼声、尖叫声，还有经久不息的掌声……无论哪一场比赛都精彩绝伦，高潮迭起，整个会场沉浸在异常热烈的气氛中。

那是我和贾斯汀各赢一局，进入第一场第三局的时候。

我操纵的人物肯被贾斯汀的春丽穷追猛打。这时，肯的体力槽只剩一格，这意味着肯只要再遭受一次攻击就会被 KO，因为他没有体力防御对手的必杀技。

春丽似乎瞄准了这一时机，连续使出杀手技连环腿"凤翼扇"，企图用"削血"（通过密集攻击来消耗对方体力）战术来打倒肯。战况进入美国王者试图使出最后一击来赢取胜利的局面。所有人都确信春丽必胜，不断呐喊"Let's go! Justin!"

然而，我不为所动。

我操纵肯用对付"削血"的特殊防守"格挡"来抵抗春丽的所有进攻。通过腾空跳跃全方位防御她的猛烈攻势，然后用飞脚、扫堂腿，还有必杀技"升龙拳"进行还击，最后使用绝招"疾风迅雷脚"连击，终于在绝境中击倒了春丽。

在最后的 37 秒，比赛出现了让人难以置信的反转，全体观众站起来，发出了雷鸣般的掌声。

实际上，当我看到体力槽在持续减少时，我甚至在想"坏了，要完蛋了"。

但是，被逼入绝境的我反而决定放手一搏。在退无可退的瞬间，我的注意力高度集中。我听不到周围的呐喊声，几乎也听不到周围人群中"能不能防守成功""到底谁能赢"等议论声，却能清楚地听见游戏的声音。

在比赛的过程中，我知道贾斯汀也有些急躁。因为我感觉他似乎认为只要使出"凤翼扇"这个必杀技就能赢。

但是，如果这个必杀技被他人完全防御的话，就会产生致命的破绽。

而我等待的就是这一刻。

终于，贾斯汀开始使出了春丽的必杀技。

同时，我的两只手条件反射般动了起来，等我回过神时，春丽已经无法行动了。

随着游戏结束，我逐渐冷静下来，耳边终于传来了观众席上的欢呼声。

这一战在网络上也引发了热烈的讨论，决赛视频的全球浏览量超过了2 000万次。于是，全世界都知道了梅原大吾这个名字。

* * *

我能够在 17 岁就成为"世界第一"，是因为如果不一直探索游戏，我就会变得毫无自信，也无法安抚内心的躁动。也许与在其他竞技类游戏的领域中追求巅峰的人不同，我并非执着于为世界第一而成为世界第一的。

尽管如此，我能够成为世界冠军也确实有相应的原因。

在本书中我想和大家分享成为"世界第一"的方法、在比赛中获胜的方法、为获得胜利应该怎样努力，以及我自身在获胜过程中的心得体会等。

虽然这些心得体会都是我在游戏这种极其特殊的竞技项目中所获得的，但游戏既然是一种与人相关，并且有胜负这种明确的结果，那么，我想在游戏中为获胜采取的努力和思考方式，也能够应用在日常的工作和生活中。当然，我无法断言这些想法和经验都具有普遍性，但是这是我一生不断钻研并实践所获得的能力，毫无疑问的是"货真价实"的能力。

最重要的是本书的关键并不仅是告诉大家如何获胜，

而是如何"持续获胜"。为什么不是"获胜的方法"而是"持续获胜的方法"？这二者看似相同，实则不然，有时甚至会完全相反。"获胜"这个词换成"获得成果"的话，或许很多人就会明白其中所包含的意义，但是"获得成果"和"连续获得成果"在本质上是完全不同的。

从结论来说，执着于胜利的人并非能够一直获得胜利。如果有很多人都感觉"的确如此"的话，或许我没有必要写这本书了。现实生活中，持续获胜、不断获得成果的人是极少的。即便是对能否获胜这样的提问做出肯定回答的人，当被问到是否能够持续获胜的时候，恐怕也是难以应答吧。

虽然只是游戏，但身处需要决定胜负的领域中，那么，成为世界第一并占据一席之地，就必须无限期地持续胜利。毫不夸张地说，就算赢100次、200次也是远远不够的。

我并非没有失败过，也不是零失误冠军，既有输得体无完肤的时候，也有接连战败，一直无法获得成果的时期。我并不认为自己已经完全精通游戏，也并不认为自己是天才。

即便如此，对于先前"能否连续获胜"的提问，我仍会毫不犹豫地回答"YES"。持续获胜所必需的事情是什么？为此又需要付出怎样的努力，持有怎样的态度？我有着坚强的意志、不断钻研的精神，以及通过实践建立起来的自信，并不会因为失败了100次、200次而产生丝毫的动摇。

梅原大吾

第一章

我成为
世界第一

无法抹去的疏离感

小学二年级的时候，我们家从青森搬到了东京。从那时起，我就对被排挤这样的事情变得敏感起来。

到了东京后，我感觉和周围人有些疏远，总是有距离感。即便有人和我打招呼，我也能感受到他并没有对我敞开心扉。大家究竟是怎样看待我的？……我仿佛是被困在无形的围墙中，总是会感到一种难以抹去的疏离感。

因为一直有这样的心事，所以即便我经常和大家一起嬉闹，也从来没有向朋友吐露心声。

或许，我没有真正的朋友吧。

也许是自己有些不一样……无论是去学校的路上、上课中、课间休息时，还是放学后，我一直都有一种难以名状的孤独感。我并不是没有朋友，但那时的我是一名忧郁且时常感到焦虑的少年。

原因之一是东京和青森之间的语言壁垒。

我出生于青森。小学二年级的时候，全家搬到了东京的足立区。我一直以为搬家是因为父母工作的关系，最近才知道好像并非如此。

我的父亲有些时候非常任性。

年长 7 岁的姐姐是在东京出生的。在她 4 岁那年我们家从东京搬到了青森，3 年后我出生了。青森原本也是母亲的故乡，决定搬到青森居住的契机，好像是当时旅行中的父亲打给母亲的这样一通电话：

"搬到青森住啊。"

在青森之旅中感到身心愉悦的父亲，十分喜爱母亲的故乡，便做出了搬家的决定。当时父母都在东京工作，但他们立刻就辞职了。父亲在医院从事事务工作，母亲则是护士。也许他们认为在青森也能很容易找到工作吧，但这确实是大胆且鲁莽的决定。

最终，他们在青森住了 10 年后又返回了东京。这次搬家的理由是"青森住得时间也差不多了吧……"，简直让人无语。

现在我可以将这件事当作一个笑话来讲，但在当时，在青森也有朋友的我是非常不情愿的。"为什么要去东京这种我不熟悉的地方？"，我觉得那时上中学的姐姐跟我是一样的心情。返回东京的理由似乎是因为在东京独居的祖母年纪大了，父母觉得应当搬回东京。当时还是小孩子的我们并不理解这些事，只是觉得和朋友分别是非常寂寞的。

想住在青森就搬到青森，想回到东京就搬回东京。我也继承了父亲的这种随性而为的性格。

在梅原家似乎不存在人生一定要这样度过的常识。父母也从来没有和我讨论过人生，也没有强迫我走他们的路。只是告诫过我不要给他人添麻烦，以及一些不可以做的事情。除此之外，完全按照自己的喜好生活，这就是我们的家风。

因此，我能够全心地投入到游戏中。

什么是普通？什么是特别？我不太明白它们之间的区别。但是，如果我生在一个普通的家庭，被"有常识"的父母培养，或许我可能会选择不同的道路，也就不会被称为"世界最强格斗游戏玩家"了。

姐姐的影响

我开始玩游戏是受到了姐姐的影响。大我 7 岁的姐姐的存在感是极大的，无论她做什么我都想要模仿。看见姐姐玩游戏，我也两眼发光，想要试试。

5 岁的时候，红白机中的《超级马里奥兄弟》是我最初玩的游戏。

其实我和游戏的相遇没有什么特别之处，但是和它似乎特别投缘。在开始玩游戏的时候，我不仅喜欢，而且特别着迷，想要打游戏的意愿十分强烈。

当然，父母不允许我长时间玩游戏，但这反而使我对游戏的欲望高涨起来。总之，从那时起只有玩游戏能令我忘却时间，进入忘我的境地。

由于父母都工作，和其他家庭相比，我们家的"监视"要宽松很多。朋友的妈妈是全职主妇，经常会训斥他："别玩了，把电脑关掉。"如果我母亲也是全职主妇的话，我或许无法这样自由地玩游戏。

父母下班后最早也要 6 点或 7 点到家。我放学回家的几个小时，好像是我的独有时间。一回到家，我就立刻打开红白机，沉浸在令人陶醉的 8bit 世界里。

当我听到母亲开门的声音，就急忙拔掉电源，仿佛没有玩过游戏一样，去门口迎接她。即便如此，母亲也会察觉到，立刻用手确认插座。

"这么热，你一直在玩游戏吧？"

这时候，绝不能表现出心虚，我会一脸无辜地说：

"没有，这个插座经常会发热……"

每天都会重复这样的对话。

虽然我也曾被训斥过"不要总是玩游戏"，但没有被父母说过"不准再玩游戏了"这样的话。

淘气大王

小学时，我是一个淘气大王。

刚从青森搬来东京的时候，由于我说话带地方口音，和大家交流有些不畅，所以我遭到了霸凌。如果是班上的孩子王欺负转校生这种形式明确的霸凌，我有信心通过打架来解决。我能够感受到大家对我很冷淡。他们虽然不招惹我，但经常在远处观望，时而低声窃语，时而发出大笑。班级里一直都是让人讨厌的气氛。但在不知道敌人是谁的情况下，我只能强行忍耐。

我自己已经不记得了，但当时好像曾和家人表达出"不想去上学"的想法。这着实让父母感到了吃惊和担忧。一向不服输的我说出这样的话，让他们开始担心我是否在学校遭遇了什么事。可是我的身上既没有伤痕，学习的物品也没有损坏。

　　我似乎是这样回答的："就是觉得没什么意思才不想去。"

　　但是，随后发生了一件事，改变了这种状况。

　　我一直都很小心地观察班级中的氛围。有一天，班上的孩子王和我打架。当时的我身材高大，力气也很大，这场"斗争"以我把他打哭告终。

　　男孩子的想法一向单纯。经此一战后，大家对我的评价变成了"这家伙真厉害"。我的周围也自然聚集了很多人。不知何时开始的霸凌，也因我擅长打架引发了周围人的敬畏而落幕。另外，我跑步的速度也是最快的，掰手腕也从来没有输过。速度和力量是孩子最强的武器，等我发现的时候，我已经成了班级中新的孩子王。

　　因为我父母上班不在家，放学后带同学去我家玩耍就变成了每天的必修课。一般会有五六个人，最多的时候会有十几个人，大家排成一队浩浩荡荡地从学校出发。

我知道大家都想到外面玩，但要是我提议"玩游戏吧"，大家也都会听我的："既然你想玩……那就玩吧。"有时候也会有人提出异议："又要玩游戏啊。""嗯，我想玩，不行吗?"我稍微做出强势的姿态，就没人再反对了。通常，我会带他们先打游戏，等到大家想去外面玩耍了，我再和大家一同出去。这样的生活，一直持续到我中学一年级。

父亲的教导

在我很小的时候，大约是小学二年级，我就觉得"继续这样下去不行"，对自己的生活方式感到了不安。

虽然我想要找到能够让自己拼尽全力去追求的东西，并在那个领域有所建树，但却一直无法找到让我想要全力追逐的事物。我跑得很快，但对运动不感兴趣；不想学习，也不喜欢唱歌；画画也觉得没意思……

"糟了，糟了，这样下去只会年龄不断增加，而人生的可能性会越来越小"。

那时我还是个小孩子，却如此焦虑。

一定要找到一个对自己来说非常特别的事情，我会有这种想法实际上是来自父亲的影响。

父亲非常后悔没能完成自己想要做的事情，因此经常会对我说："如果你有真正想要做的事情，我一定会全力支持。你要找到自己想做的事，并且全力以赴!"这就是我的父亲。但是他却从来没有具体建议过我应该做什么事。

因此，我感到有些迷茫……

虽然应该找到喜欢做的事情，可我不知道自己到底喜欢做什么。我不懂社会结构，也无法想象将来自己会从事什么样的工作。要说喜欢的事情，那只有玩游戏，这样也可以?

我虽然有想要做些事情的冲动，但是不知道应该做些什么。如果找到了一定会默默地埋头钻研，我有这样的自信，可问题是我无法找到想要做的事情。

我无法回应父亲的期待，只有时间在不断流逝。我每天都备感焦虑。

我父亲的原则是从来不干涉孩子的爱好。这一点源于他自身的经历。

我的祖父特别喜欢下象棋和跳舞，在这两方面水平都很高，也很有天赋，但是却无法将这些爱好作为工作。因为曾祖父会训斥祖父："不要胡闹！有这些时间还不如好好工作！"导致祖父最终无奈放弃了梦想。

我的父亲也是如此，学生时代，父亲热衷柔道、剑道，也经常钻研哲学。但是据说因为被祖父斥责："不要说胡话，去找一个正经的工作。"他最终也放弃了继续钻研的念头。在那个时代，父母的话是要绝对服从的，父亲只能封存自己的意愿，承认现实而选择与自己的兴趣毫无关系的工作。

因此，父亲下定决心，"绝不干涉大吾做喜欢的事"。

时代在不断变化，父母很难完全理解孩子的兴趣。将来，如果我成为父亲，我或许也无法认可我的孩子沉迷的一些事物。

至少在我们梅原家是这样。曾祖父不认可祖父，祖父不认可父亲。但是父亲却完全不同。虽然父亲对游戏一窍不通，却也从来没有对我说过"不许玩"这样的话。父亲觉得，如果说"不许玩游戏"，让自己的孩子放弃他的爱好，那么孩子也会和父亲还有自己一样感到后悔；当时，如果努力坚持做自己喜欢的事情会怎样呢？不想让自己的孩子对人生有这样的遗憾。

因此，父亲只是默默地关注着我。

即便如此，父亲有时也会露出不高兴的神色。他没有说过"不许玩游戏"这样的话，也没有强迫我去学习，只是有时会婉转地说："我觉得偶尔也应该活动一下身体吧。"

作为父母，父亲和我一样也在斗争。或许父亲也曾这样苦恼过："为什么他这么喜欢游戏，他在运动方面也不错，为什么会做这种没有意义的事？"

我的姐姐特别乖巧，不会让家长感到费心。在教育我的时候，父母好像才觉察到"养育孩子原来是这么一件劳心费力的事"。

背诵《日本宪法》前言事件

小时候，我自己也认为"这样下去不行"，但又沉迷于游戏无法自拔。我热衷于游戏，并非是因为得到了父母、姐姐、朋友的鼓励，而是觉得游戏对我来说是独一无二的，如果我放弃游戏，不再继续玩游戏，那么，我的人生也就结束了。我就是以这样的觉悟在玩游戏。

实际上我很讨厌我的生活中只有游戏。每天都在询问自己"这样下去可以吗"的痛苦中度过。但是，只有在格斗游戏中打败对手的那一瞬间，我的内心才能够感受到平静。因此，我全力以赴每一次比赛，即便是以耗费时间和精力为代价，也要追求胜利。

我追求事物时采取的执拗态度，源于发生在我和姐姐之间的一件事。

那就是背诵《日本宪法》前言的事件。

姐姐在学习方面特别出色，而且是那种非常少有的不努力也能够获得好成绩的类型。小学的时候，我经常能够听到其他人说大我 7 岁的上中学的姐姐成绩优秀。作为弟弟的我那时候坚信"等我长大了，也会和姐姐一样学习好"。可是有一天，我终于领会到了姐姐的优秀和自己的平庸。

那是小学时的一个暑假，作业中有背诵《日本宪法》的前言一项。虽然当时我不喜欢学习，但是记忆力也十分出色，可以说是比较擅长。我专注地背诵《日本宪法》的前言，但后来不知为什么，变成了"大吾说要背下来，正好趁这个机会，我们大家一起背诵"这样的局面。只是这让人感到温馨的一幕，对我以后的人生产生了决定性的影响，这却是我连做梦也没有想到的。

不知是不幸还是万幸。当时姐姐率先说："我来试试。"于是她开始阅读前言的内容。

《日本宪法》前言的内容比较多，字数已经超出400字一张的稿纸。这样的文章，对小孩子来说已经算是很长的了。事实上，暑假结束后，班上能够完全背诵下来的人只有我和另外一名同学。因此，我觉得将这作为小学生的作业，在难度设定上似乎有很大的失误。

尽管如此，姐姐大约读了3遍之后，就能够背诵全部内容了。这简直令人愕然。

"这完全不是一个等级……"

我马上意识到，我绝不是姐姐的对手。

父亲总是教导我："不努力是不行的。只有勤奋努力的人才能成就一番事业。与生俱来的才能其实不是大问题。"

我从来没有怀疑过这些话。

但是，姐姐不一样。我不禁询问父亲："怎么回事？"父亲也难掩不安，急忙搪塞我说："可能是你姐姐掌握了一些技巧吧。"

总之，当那天见识到姐姐的本领后，我虽然对父亲的日常教导深信不疑，却还是深刻地意识到采取和姐姐相同的做法，也无法与她抗衡。在拥有突出的才能的人面前，一点点的小努力很容易就会被击溃。

因此，我学会了全力以赴、拼命到底的做事方法。

无论是玩游戏、学习，还是打架，无论自己怎样疼痛、痛苦，只要不出声就不算认输。或许有些惨不忍睹，但我认为只要用这种方法，有一天也会战胜像姐姐那样的人。总之，要想获胜，只有不惜一切，付出能够战胜天生才能的努力。我领悟到这才是父亲的教导的真谛。

在学校，如果比赛谁能够吊单杠时间最长，我绝对是最后松手的那个。原本我的握力就很强，这种比赛也许对我很有利，我至今没有输过。游泳的时候，如果开始比赛谁潜水时间最长，我总是坚持到最后的那个人。其实我的肺活量并没有那么大，大概在班里排第五，但是先认输的一定是对方。

如果先松手、先认输的话，那么，在此后的人生中遇到像姐姐那样的人，我就只能一直低头认输。这样绝对不行，即便是死也绝对不能先认输。

对待游戏，我也是如此。

在游戏方面比我有天赋的人数不胜数。但是，几乎所有人都因为觉得"这家伙太固执了，还是算了吧"而选择放弃。当时的我直到获胜为止不断挑战，因此，没有对手能够坚持到最后。

告别悲惨心情

直到中学一年级，朋友们好像仅仅是惧怕我的力气才会和我一起玩，并非是从心里喜欢我。他们对我的厌烦情绪，有时候会突然表现在脸上。因此，小的时候我没有建立起良好的人际关系。

我不是会讨好周围人的性格，也不会做迎合大家的事。当时，周围喜欢运动的朋友都说："将来要成为职业棒球选手。"然后就开始棒球训练。

"是啊，找到对自己来说很特别的事真好啊。"

我用羡慕的眼神看着周围的朋友们。

但是，1993年成立日本职业足球联赛后，身边的朋友们虽然从小学开始参加棒球训练，声称"我的梦想是成为职业棒球选手"，并一直接触棒球，却突然开始踢足球，说出"我要成为职业足球选手"的话。

这令我愕然，觉得他们很差劲。

"对你们来说，对棒球的喜爱，就这种程度？"我很失望。

朋友以成为职业棒球选手为目标，坚持练习了五六年，只是因为足球风潮，或者大家都对足球感兴趣，就突然转换方向，这实在令人难以置信。

我有些怀疑他们是否只是想和其他人有共同话题。小学的时候选择了棒球，到了中学就选择足球。我很讨厌这种理所当然的氛围。看着那些为迎合周围不断改变自己选择的伙伴，我不禁在心里质疑他们："你们这样对待自己的人生吗？"

即便我内心对他们充满质疑，但我也无法充满自信地玩游戏，我并没有想过将游戏作为奉献一生的事业。或许我选择了游戏是一项错误的决定。

如果是现在的话，我可以很自信地说："无论是棒球还是足球，只要全心投入就好。"但是小时候的我还没有如此强大，甚至曾经苦恼过"为什么我会喜欢游戏呢?"。

一个人玩游戏不仅寂寞，而且也会生出一些凄惨的情绪，总感觉会被人嘲笑，也无法堂堂正正地玩游戏。我并非不喜欢足球，我也曾想过，如果和大家一样，以放弃自己想做的事情作为代价，开始踢足球的话，或许当时也会很快乐，但是此后的人生一定会变得很无趣。

如今我可以很肯定地说，我不需要这种肤浅、虚伪的友情。从那时起我的想法没有改变过，我也将这点贯彻到实际行动中。

其实，被大家孤立，一个人钻研游戏也是一件十分痛苦的事。

但是，我无法背叛喜欢游戏的心情。并且，我也无法做到放弃棒球转而喜欢足球。

因此，从那时起，或许是出于好胜心理，我凭着异常执着的信念投入到游戏中，并且为了消除不安的心情，我开始频繁地去游戏厅。

游戏厅

伴随着不服输的心情，在中学一年级快结束的时候，我开始自己一个人乘地铁去游戏厅。因为同学们不会到那么远的地方去玩，所以渐渐地我和他们之间产生了距离。并且，几乎所有的朋友都开始参加社团活动，小学时的朋友也开始和同社团的伙伴一起玩耍。

我愈发地感到孤单。

因为我既没有参加体育部，也没有参加文化部，所以感觉大家可能会认为我是一个怪人。或许大家认为：反正他也不会和我们一起玩，也不参加社团活动，就是一个只会玩游戏的家伙；但是因为他力气大，所以也最好不要招惹他。

然而，坚持参加社团活动的朋友变得强壮起来，力量也增强了。因此，在中学三年级的时候，这种力量制衡的关系完全反转了。

从此，我的生活真的只剩下了游戏。

去游戏厅的人多少都会有一些烦恼。人生一帆风顺、事事如意的人几乎不会去游戏厅。

有的人是因为和父亲关系不好，有的人是因为在学校受欺负。总之，有各种问题的人很多。其中，家庭关系不和，或是和身边亲近人发生冲突而去游戏厅，这种情况占大多数。像我这样家庭和睦，却去游戏厅的人，可能10个人中只会有一两个。

总而言之，很多人是为了逃避现实而去游戏厅的。

在学校找不到一席之地的我，却和在游戏厅认识的人很投缘。只是为了和他人有共同话题，去踢根本不想踢的足球，看从来不想看的电视剧，听从来不想听的音乐，比起迎合他人，我觉得和因喜欢游戏而相聚的人在一起，这才是更加单纯的人际关系。

和那些流于表面交往而无法信赖的学校的朋友不同，我在游戏厅还遇到了一生的知己。

在我经常去的游戏厅中，我遇见了一位大约比我大5岁的男生。他的外表会给人留下很深的印象，头发从不打理，牙齿是棕色的，胡子也不刮，甚至让人看不清鼻子和眼睛。即便在本来就聚集了很多怪人的游戏厅里，他也格外显眼。不了解他的人，只看他的外表就会敬而远之。

但是他会主动和我说话，交谈起来竟然让我感到非常愉快。我们很快成了好朋友，也经常一起玩游戏。

有一天，我在神田附近的游戏厅玩，错过了末班地铁。那天他也和我在一起。他住在附近，经常骑自行车来游戏厅。他因为担心我，就一直陪着我。我忐忑不安地给父亲打电话，告诉他没能赶上末班车。父亲一听就气势汹汹地嚷道：

"你在做什么？"

"……"

"为什么一个中学生玩到这么晚！"

"你坐出租车，马上回家！"

"我想在便利店待到早上，然后坐第一班车回去……"

"不要胡说，快回家！"

话没说完，电话就被挂断了。我没有足够的钱，应该怎么办呢？我正在发愁的时候，他指指他骑的妈咪自行车的后座问我："坐吗？"

"什么意思？"

"你家在足立区吧？我送你回去。"

我不是一个直率的孩子，没有道谢，只是微微点点头就坐到了自行车的后座。在回去的路上，我一直在想，这到底是怎么一回事。他载着我，用了 3 个多小时才到我家。当时是夏天，他全身是汗，整个人都湿透了。

好不容易到了家，他仅仅留下一句："走了。"就转身回去了。我茫然地望着他远去的背影，那个时候我第一次意识到"这才是朋友"。

从那以后，无论他人怎样看待或是评论他，我仍旧和他一起玩游戏。迄今为止，我们已经结识 15 年了，关系一直很好。另外，在那个时候相识，并且至今仍保持联系的朋友也并不只有他一个人。

我的人生是游戏厅。我能够如此断言，是因为它在培养无法替代的友情方面，给我带来了很大的影响。

中考时的违和感

家附近的朋友知道我会坐地铁去游戏厅，也了解我的技术不是消磨时间的水平，从那时起，他们就不再和我一起玩游戏了。我不再邀请朋友来家中玩耍，只是一个人去游戏厅，默默地比赛。

尽管如此，我在学校里仍旧有一些朋友。但是和那些运动好、学习优秀的小团体不同，我们是一群差生，聚在一起胡闹，可是玩得还很开心。

然而，中考的日期也在向我们逼近。

于是，一直一起玩耍的伙伴们突然出现 180 度的转变，开始认真学习起来。这让我感到愕然。

"怎么了？为什么不一起玩了？"

尽管我知道自己的愤怒是毫无道理的，但是我无法控制自己的情绪。他们对焦躁的我置之不理，渐渐地，组成了一个以"考试"为共同目标的圈子。

等到发现时，我又变成了一个人。一个人孤零零游荡的状况让我大受打击。

于是，我在心里发誓。

"我既不参加社团活动也不学习，我要用玩游戏来取代这些事。既然如此，我要和其他人专注社团活动或学习一样，不，要用更多的干劲儿和热情来钻研游戏。否则的话，我就太丢人了。那么，从现在开始，我不会再浪费一分钟，我要全身心地投入到游戏当中！"

这是由自卑产生的惊人能量。

但是，即便这样也仍旧久久无法消除我决定专心玩游戏的不安。

但是，学校老师和周围的大人们都教导我："应该认真学习，应该热爱运动。"我不会那样做。我想对那些教训我的大人们说，如果能轻易改变的话，那么，从一开始我就不会感到烦恼。

既然如此，那就把自己唯一擅长的游戏精进到任何人都会感叹"这家伙很努力啊"的程度。我誓死要做到这一点。如果不这样做的话，将来我会成为什么样的人……仅仅想象就觉得很可怕。

到了现在这个年龄，我明白运动、学习、游戏，只是领域不同而已，并没有孰优孰劣。当时我还是中学生，确实会感到极度的不安。我虽然逞强地将一切都押到了游戏上，但是我并不完全相信那是一条正确的道路。

冷静下来的时候，我经常会痛苦地自问："我究竟为什么会选择游戏？""这样做可行吗？"内心的不安，以及"无论怎样，我现在只专注于游戏"的固执想法，一直在我的内心深处纠缠。

正因如此，我一直无法喜欢自己。

开始登上世界第一的台阶

我倔强地全身心投入游戏中，转眼间就实力大增。我觉得这大概是因为我玩游戏的时间远超他人。

如果对手玩 10 个小时的话，我就玩 30 个小时。对手玩 100 个小时的话，我就连续玩 300 个小时。我以这样的决心在玩游戏。

增加玩游戏时间的同时，我的分析和攻略能力也得到了提升。我自己研究游戏，还写了一本攻略书。可惜没有达到能够出版的水平，现在还放在我家的衣柜里。

我丝毫不觉得自己有才能。和学习一样，是否能够玩好游戏，在于是否能够掌握关键点，而我并没有很好地掌握。我觉得胜利是不断努力的结果。

从 10 岁开始真正接触游戏，到 4 年后 —— 我 14 岁的时候，已意识到"自己是世界上最强的"。

当然，最开始完全无法获胜。我的技术虽然在日渐进步，但是掌握对战的窍门也花费了很多时间。因此，10岁、11岁的时候输了很多次。从12岁开始变得时赢时输。之后，在我经常去的那家游戏厅，除了水平最高的一人之外，我能够打赢大部分人。到了13岁，除了在很热门的高水平游戏厅中输过之外，在其他游戏厅我不再有败绩。

在我14岁时，出现了新的游戏，于是大家站在了同一起跑线上。

新游戏，让我登上了日本电竞界的顶点。

游戏更新后，不仅仅是图像和内容发生了变化，对战规则也发生了变化，同时还导入了新的制度。虽然之前积累的经验和掌握的技能仍然可以运用，但基本上需要按照新的规则重新学习。因此，比起在以前游戏中拥有的实力，努力钻研新游戏的人才会更有胜算。总之，2012年的强者未必就是2013年的强者，甚至可以说这种可能性是非常小的。这既是游戏领域的不易之处，同时也是有趣的地方。

简单来说，由于游戏更新，以及此前不利条件的消失，所有人站在同一起跑线上。我比任何人都更专注游戏，这也是中学生的我最值得骄傲的事。获胜也可以说是理所当然，当我拿着全国大会优胜奖杯时，我的内心依旧很平静。

成为世界第一

1998 年 11 月 8 日，我应邀参加了在美国旧金山举行的当时最流行的格斗游戏《街霸 ZERO 3》的世界选手锦标赛。在那次大赛上，我打败了美国本土冠军亚历克斯·瓦莱，取得了世界第一的称号。

回过头看，那是我人生中的一个转折点。

为了参加星期日的比赛，当时还是高中生的我向学校请了几天假，飞往美国。因为是第一次去国外旅行，我申请了护照。旅费和住宿费由主办方承担，因此不用担心费用问题。让我印象深刻的是 2 晚 4 天的高强度日程。

比赛会场在各种各样的店铺的包围中。这里不同于购物中心，比较接近日本的商业街。在聚集超市、餐饮店、服装店、杂货店的街区中有一个游戏厅，那里就是比赛的舞台。

当天的日程表中，最开始举行的是决定美国冠军的淘汰赛。我一直在旁观战。最终美国方面选出了冠军，然后开始了和日本冠军的对决赛。

说实话，我自身在那场比赛中并非斗志昂扬，因为我觉得"反正日本选手的水平要强一些"。

我既不了解美国选手的水平，也没有获得任何相关信息，我只是单纯地自认为日本是最强的。我相信日本格斗游戏的水平，即便是在全世界的范围内，东京的玩家水平也是出类拔萃的。当时日本的游戏厅总是挤满了人，运营的时间也很长。因此，即便美国的国土很大，我也很难想象美国选手比日本选手实力强。但说实话，我有些轻敌了。

我一边观看美国冠军的争夺赛，一边觉得如自己所料，"如果对方是这个水平的话，我肯定能赢"。年长我 3 岁的亚历克斯从淘汰赛的初赛开始就引人注目，我觉得只有他具备出色的作战反应和技术。即便如此，我也丝毫没有觉得会输。

但是，和亚历克斯的世界第一争夺赛，意外地成为一场激战。

当时的大赛规则是赢 3 个回合为一场胜利，只有赢了两场的选手才能成为获胜者。日本的话，一般两个回合为一场胜利。相比之下，美国的一场比赛花费的时间更多。

第一场比赛。我第一回合险胜，接下来连败 3 个回合，这一局让对方先胜了，并且我是在对方的猛烈攻击下才会失败。

接下来是第二场比赛。先发制人的亚历克斯乘胜追击，最初的两个回合我又被打败了。一瞬间我便无路可退。

我深呼吸，调整好情绪。我明白，消除心烦气躁，恰到好处的紧张感和兴奋感会让我的注意力高度集中。我的情绪高扬起来，"逐渐变得有趣了"。我开始享受比赛。

从那之后，我一口气赢得了 3 个回合的胜利，以 1∶1 打成了平局。我的气势一直维持到最后的第三场比赛，以比分 3∶1 赢得了胜利。

一旦开始比赛，就会发现很难做到平常能做到的事，或是经常出现一些完全想象不到的失误。

尽管如此，我最终在毫无退路的情况下成功逆袭，赢得了世界第一。我通过调整心态，专注比赛而获得了胜利。虽然是如履薄冰的险胜，但总算没有让我感到羞愧。

如果输了那场比赛，可能也没有现在的梅原大吾了。

在日本方"反正会赢"的轻松的氛围里，如果日本冠军被美国冠军直接击败的话，周围看待我的眼光也会变得不同吧？更重要的是，原本认为"绝不可能输"的我，身心也会遭到重创。我或许会极度后悔为什么没有认真地应对比赛。

如果输掉了那场比赛的话，很难想象我接下来会变成什么样子。

专注到成为世界第一的原因

就这样，由于全身心地投入到格斗游戏中，我最终在 2010 年 8 月，被吉尼斯世界纪录认定为"世界上赚取奖金时期最长的职业电竞选手"。

我对游戏专注到能够成为世界第一的理由是什么呢？面对游戏时的能量源泉，我感觉是来自某种固执。

或许有人认为："不过是游戏，反正也没有做什么努力吧。"但我无法忍受他人这样看待我。

当时，虽然没有电竞玩家这样的职业，但是如果能够成为职业选手的话，那么我想我会以此为目标而付出努力。我会付出与那些以棒球或足球职业选手为目标的人相同程度的努力。

但是，就如同我反复提到的那样，我并非是毫不犹豫地投入到游戏中。并且，我没有因为比别人擅长游戏就充满自信。

是什么让我建立了自信？不是在游戏方面的技术和实力，而是我想要克服不擅长的事物，以及敢于选择严峻道路的这种做法，并且坚持将这种做法贯彻到底的信念。

毫不松懈，全力以赴，是自信最主要的来源。

当然，我不擅长的事情也有很多。我不擅长和初次见面的人打交道，也不擅长学习。和真正选择运动的人相比，我发现自己的跑步速度已经变慢了，力量也变弱了。

即便如此，我认为也没有必要感到惶恐不安，或者自卑。

毫不畏惧地挑战不擅长的事情，只要成功克服就会建立信心，成为能够堂堂正正生活的人。

也许无论面对任何事都能应对自如的人，不理解挑战精神这样的话题。但是，对于一直自卑的我来说，用挑战精神去面对所有事才是关键。

我只有在格斗游戏这种虚拟世界中才会大放光芒。我勉强能够融入现实社会，并且和普通人平等地对话，是因为我对自身的努力和处事方法所持有的自信。

正是因为我敢于断言："我的努力可以毫不羞愧地展示给任何人看。"所以我才能和其他中途放弃的人不同，始终如一地专注游戏，最终攀登上世界第一这座高峰。

具有挑战精神，以及不懈的努力、彻底探求事物的态度，这些是我最突出的优点。正是因为我持有这样的品质，我才能够喜欢现在的自己。

第二章

99.9% 的人
无法持续获胜

持续获胜的胜者

"99.9% 的人无法持续获胜。"

即便这是自己说的话，我也感觉有些夸张，但是持续获胜确实是特别困难的事。

在人和人对战时，胜负是由微妙的平衡决定的。虽然这和每个人天生的脑力、理解能力、运动神经和反射神经有一定的关系，但在游戏领域，大部分的情况，胜负也是由努力的量，以及当时的精神状态和积极程度来决定的。

总而言之，在比赛时，彼此间力量的差异是极其微小的影响要素。

在这样的领域里不断努力，持续获胜是极其困难的事。保持平衡、认真对待游戏、经常获得成果，在这个过程中，我认为绝大部分的人无法持续获胜。

影响持续胜利的要素之一是和游戏的缘分问题。

和游戏投缘，自认为很擅长玩游戏，从而疏于练习，这样的人无法持续获得胜利。换言之，这样的人只是依赖过去的功绩。

为了保持自己的实力，就必须要具备各种要素。如果没有这样的觉悟，只是听从命运的安排，最终会变成"只擅长一种游戏"的人，从而被时代抛弃。

从小时候开始我就一直在思考"为什么我能够获胜？""为什么那个人现在无法获胜？"，我现在虽然无法准确找出个中原因，但已经能够发现决定胜负的积极因素和消极因素了。

只有在分析积极和消极这两方面因素的基础上，不断付出努力，才能够持续获胜。只依靠自己的才能，或者执着于一种获胜方法的人，一定会遭遇失败。当然，这样的人的水平不会降低，但是却会丧失以往的气势。

大多数人会随着自身实力的增强而确立自己特有的风格。

例如，喜欢进攻的人想用 KO 来赢得比赛，而擅长防守的人会彻底防守，即便比赛已经超时，也想要获得胜利。很多人只使用自己擅长的技能，这样会被形式所束缚，然后擅长的游戏就会变少，最后会遇到瓶颈期。

更危险的是他们并不是通过自我分析来形成自己的风格，而是轻易地相信他人对自身的评价，误以为这样才是自己的风格，并想以此取胜。但这样既无法获得成功，也无法持续获得成果。

我的获胜方法没有固定的风格。也可以说,我不想让自己局限于某种风格。

一旦听到别人说"这是梅原的长处",我就会完全否定,彻底放弃这种做法。

比赛的本质与个人的喜好和风格无关。为了获胜而不断钻研最佳方法,这才是最重要的,兴趣和嗜好仅仅是细枝末节的个人愿望。

另外,在格斗游戏中,年龄也是一个障碍。

特别是在国外,对由年龄引起的反射神经的衰退非常敏感。很多人看到我都会感到惊讶:"这个年龄还在坚持玩游戏啊!"在我28岁取得世界冠军时,一位对手请求和我握手,并对我说:"我曾觉得我差不多到了该退出的年纪了,但你却做到了连续10年成为世界第一,这给了我很大的勇气。"我觉得他还没到退出的年龄,但是在国外,似乎认为二十二三岁才是一个人反射神经最灵敏的时期。

在我看来,他们只是用年龄当作借口,真正的原因是缺乏努力。这才是努力败给年龄的原因。

不要过度依赖速度和反射神经,要重视战术和战略。只要具备了一定程度的能力,自然不会惧怕年龄。要努力做到放弃自己擅长的事情，然后赢得比赛。不要认为"掌握了这项技能，就不必在意其他的细节"；也不要过度依赖自己擅长的技能，应该积极探索在何种情况下都能获胜的方法。

为了持续获胜

为了持续获胜，应该保持胜不骄、败不馁这种绝妙的精神状态，始终如一地认真对待游戏。

保持平衡的方法因人而异。我个人则时刻牢记自己和对手都是人类这个事实，以此来保持平衡。也就是说，无论是自己还是对手都没有任何特别之处。

我之所以能够获胜，是因为积累了知识、正确的技术和经验，以及努力维持日常练习的量，绝不是不明所以地力压对手，从而获得胜利。

一个人做到了他应该做的事，从而战胜了另一个人。只是不断完成如此简单的事的人不应忘记：只是获得了一次胜利。

因此，持续赢或持续输就会破坏平衡。这样会误以为自己很优秀，或是陷入自己一无是处的悲观情绪中。但是，事实并非如此。

无论一个人经历多少次的胜负，终归都是一个普通人，结果只是一时的。胜败一定有原因，结果只是反映出原因。不要被一时的结果左右，从而放弃了为了胜利所付出的努力。如果能这样思考的话，就不会失去平衡。

无法获得成果的时候，如何接受这种结果将会改变接下来的方向。

有时会认为失败只是一次偶然，将失败的原因归结于运气不佳或者游戏出了问题；或者是因对手十分强大而选择放弃；或是苦恼于自己也年龄大了；等等。不要受一时的情绪的影响，接受失败事实并认真分析才是最重要的。

困惑的力量

依靠感觉、运气或临阵磨枪取得胜利的人是不擅长比赛的。

迄今为止，我和那些头脑灵活，善于抓住技巧，状态极佳的人对战了很多次，但是从来没有认为我会输。

为什么呢？因为他们和我所经历过的困惑是完全不同的。

在实力上有差距的孩童时期，我也有过屡战屡败的经历。但是，到了一定的年龄以后，就再也没有动摇过自己必胜的信心，也没有展现过退却的态度。

这些年，我经历过很多次的错误和失败，每一次我都会深刻思考其中的原因。因此，我和那些只是顺势获得胜利的人在态度和决心上是截然不同的。

和从不思考，只是依靠感觉和运气的人对战时，我能轻而易举地看出对手的动作非常轻浮。我不仅会立刻意识到对手并不是有毅力的人，还能够发现对方的这些动作并不是基于缜密的分析。

顺势而为、疏于分析的人，在面临严峻的需要决定胜负的场合时，只好不断后退。他们遇到下定决心进行挑战的对手则无法充满自信地迎接挑战。

这种不断后退的做法，也体现在临阵磨枪的人身上。

因为我本身就曾有过这样的经历，所以非常清楚。

和现在不同，以前我同时玩许多游戏，也无法对所有游戏投入同样的精力。因此，我现在只在某一段时间里专注玩一个游戏。

我曾经为了在某场比赛中获胜，在比赛之前集中训练某个游戏。结果可想而知，自然是一败涂地。

我并非真正喜欢那个游戏，只是想赢得大赛胜利才进行练习的。这种情况下，终究无法打败从内心里喜欢这个游戏并拼命练习的人。

正因为有这些令我羞愧的经历，所以我认为认真钻研十分重要。临阵磨枪的人无论怎样努力，都无法战胜有兴趣并且不断积累经验的人。这一点十分重要。

不选择安逸，不依靠技巧

如今，网络十分普及，任何人都能够轻易获取大量的信息。例如，某个技巧非常厉害，如果你掌握了这个技巧，那么基本上能够打败不了解它的人。在网络上广泛流传着这样的战术。

确实存在很多不是最强大，但能够轻松取胜的方法。

但是，使用那样的方法，会让我觉得失去了对战的意义。因此，我不会选择任何人都能够掌握的战术，也没想过这样做会给自己带来不利。我坚信，有些实力只有刻意选择艰苦的道路才能够获得。

毕竟我像削减自己的生命一样拼命努力、投入所有精力，因此，不喜欢和他人使用相同的战术，我想发挥自己的个性。我无法忍受被他人认为"梅原也是这样的"。

如果是率领100人参加团体战的话，我可能会告诉队友比较容易的动作和简单的战术，因为大家都在使用的战术的效率会更高。我会告诉大家："掌握这个战术就能赢。只要使用这个战术就可以了，不用考虑以后的发展，这样完全可以应战。"

但是，我自己绝对不会那样做。

我不会在自己喜欢的领域中选择过于简单的道路。

话虽如此，结合了许多人的智慧而打造的战术，即便看似简单，却也十分强大。当然，在了解并实践的基础上，虽然冥思苦想的独特战术能够超越这种战术，但是刻意选择艰难的道路也是十分辛苦的事情。

作为一个玩家，我也曾有过无法提升综合实力，不断输给那些使用轻松战术的人的时候。有人会说：

"梅原已经不行了。"

"使用相同的战术不就好了……"

归根结底，人们仅以结果来做判断。

或许一个人坚持付出只有自己才明白的努力，并无法获得他人的认可。有的人只能看见事物的表面，无法深入思考。不关注努力的过程，只关注结果，这种做法是愚蠢且莽撞的。

"那家伙，还在使用过时的战术。"

不可否认，这确实是没有效率的战术……这样想就是在心理上认输了。

但是，一旦在心理上认输，选择简单且方便的战术的话，个人的成长也就会止步于此了。这一点是毫无疑问的。

使用广泛流传的战术确实会让我的实力达到 10 分的水平，但也只能到 10 分水平（10 分是通过常规的努力能够获得的最高的分数）。

我为了打赢拥有 10 分实力的人而在不断努力，只获得 10 分并没有意义。因此，即便是花费时间，被他人嘲笑，我也要以获得 11 分、12 分、13 分的实力为目标。

只掌握高效率的思考方式、高效率的获胜方法终究存在一定的局限性。

例如，某种格斗游戏中只有某个人物能使用的方便技能，它的性能出色，只要使用其配备的技能就能够变得强大。于是，大家都想使用这个人物和它的技能。这个技能的支配力也非常强大，任何人都会依赖这个技能。

但是我绝对不会使用那样的技能。

当然，这样会很辛苦。但是，不使用这种技能就无法获胜吗？答案是否定的。只要努力寻找，一定能够找到替代它的技能。使用方便的技能可能会顺利地获得 80 分的成绩，但是却无法获得 100 分。

相反，不依赖特定的技能，通过提高角色的综合能力，以及不断磨炼自己的判断能力的话，就能够接近 100 分。

"为什么不使用那个技能？"

"嗯，还好还好。"

这样的对话持续了一年，依靠方便的技能的人和不依靠这种技能的我，我们之间的实力会产生很大的差距。

并且，有时可能无法灵活操控具有方便技能的人物，因为其技能本身就是全部。也就是说，玩家自身没有任何成长。过度依赖系统，使用者自身无法深入思考。因此，当方便的技能无法适用于其他的游戏，或是技能本身消失的时候，他们就会感到束手无策。

另一方面，我不依赖技能，而是不断努力了解游戏本质。即便不使用这种技能，若更换游戏人物，也不会对我有丝毫的影响。

可以说，我已经拥有了无可撼动的实力。

不依赖"读人术"，也不攻击对方的弱点

"读人术"就是掌握对方的习惯、动作，以此来采取相应战术的技术。这是一种分析对战对手的特征、习惯，直击对方弱点的对战方式。

假设自己没有任何装备，只带了一把刀，而对手除了

一把刀外，还穿了厚厚的盔甲。这样对手就有了致命的弱点。因为对方在举起刀的时候，就会露出盔甲间的缝隙。只要在那一瞬间砍向盔甲的缝隙就可以了。

这种如同攻击对方跟腱的行为，能够很容易翻转没有装备和身披盔甲的差别。有时即便被人指出自己的作战习惯，也很难立刻改正，但如果"读人术"有效的话，获胜的概率会大幅提升。但是，由于这种战术只适用于特定的对手，所以效果也极其有限。

总之，把战术重心放在"读人术"上，那自身就不会再有进步。

当然，在格斗游戏中，"读人术"是必备技能。高水平比赛的胜败会由"读人术"决定，这一点绝非夸大其词。正因为如此，大多数人都能够战胜适用于"读人术"的对手。

但是，即便依赖"读人术"增加战绩，那么，这个玩家的实力真的很强大吗？回答是否定的。

所谓真正的强大，就是即便掌握了对方的行动模式，也不会猛烈攻击这一点，而是依靠自身的实力取胜。掌握对方的行动模式，战胜对方，从而依赖"读人术"放弃提升技术、增加知识的话，那么和其他强大对手作战时，必定会陷入苦战。

只要对手改变了，就会立即意识到自己其实一无所有。

到那时，再重新开始摸索对手的特征的话，则会导致效率低下。每次只要掌握对手的行动模式就能赢，这可能是最完美的获胜方式。无论对手是谁，只要使用"读人术"就能胜利，这样既不会感到不安，也不会有人提出异议。

但是，那是不可能实现的无稽之谈。在实际的对战中，出于自身安全的考虑，不得不身披盔甲，也想尽可能地提升刀的性能。用心地提升自己的实力，才是认真对待胜负的方式。

不要过于看重自己的才能和长处。

"我能够看出对方的行动模式，不穿盔甲也可以。"这是一种不知天高地厚的傲慢。

"读人术"也并非适用于所有人，能够看出所有人的行动模式的人，也有被先发制人的时候。我也曾遇见过一些这样的人。

正因为如此，就必须要通过提高连续出拳的速度，以提高防守的准确度。归根结底，如果不具备通过踏实的努力获得的经验和技术，那么，才能最终也会被消耗殆尽。这样的案例有很多。

以写作为例，即便一篇文章的构思非常精彩，但缺乏相应的表达技巧的话，也无法打动人心。如果以成为这一领域的专家为目标，便不能过于依赖自己的感觉，而是应该注重提升总体的准确度。

我不喜欢攻击对方的弱点。

我在对战时也曾想过"这样做的话就能赢"，并且对手也没有注意到。但是，我不会选择能够轻易获胜的道路，而是刻意选择从其他的角度获胜。

我认为攻击对方弱点这种做法是很低俗的。

通过攻击对方的弱点来获胜，甚至会降低比赛的品质。作战对手能够促使自身成长，如果采用这种战术获胜的话，无疑是浪费了一次让自己成长的机会。因此，我不会攻击对方弱点，反而会去挑战对手的长处。

依靠自身实力获胜才是最重要的。优先考虑自身的成长不仅是我的原则，也是我能够长期居于首位的秘诀。

没有轻松的道路

从小时候开始我就特别在意别人的目光。我觉得自己沉迷游戏很奇怪，经常因感觉好像被别人在背后指点而感到惴惴不安。

"不用在意他人目光。"

但是，想要做到这一点并非是一件简单的事。要做到不在乎别人的目光不仅非常辛苦，也极其困难。不亲自体验其中的痛苦和严峻，就无法跨越这道阻碍。

"如果想着 ×× 的话，就会变得轻松。"

安慰的话说起来容易，但是我认为这样的话是谎言。

想增强体力就加强锻炼，想减肥就开始做相关的运动。想要变得比所有人都强大，就必须要付出比他人多一倍的努力。即便这条道路十分艰苦，但也没有其他的捷径。

意志也是如此，不锻炼就无法变得强大。

有人认为，没有必要刻意选择艰难的道路，这或许也是一种幸福。如果一个人的人际关系良好，找到了适合自己的工作，每天的生活都十分充实的话，或许不会刻意选择一条艰难的道路。

但是，不被任何人认可的我，只能不顾一切地拼命努力。为了拥有自信，虽然会感到非常痛苦，也只能草草疗伤。

想要成功做成某件事，就必须跨越一些障碍。跨越障碍绝非易事，但只要成功一次，后面就会变得轻松许多。

选择走一条艰难的道路，并不是所有人都能做到的。因此，我有时也在想是否存在针对极其普通的人的建议。

我曾想到过几条，但是立刻就被自己推翻了，这些建议都是谎言。在轻松的道路上无法取得巨大的成就，我自身的经历也让我很了解这一点。

当然，既存在认为没有必要改变目前状况的人，也存在无法改变现状的人。因此，我不会建议他人刻意去走一条艰难的道路。除非是那种拥有空前绝后才能的稀有人才，否则想要成就某项事业，注定无法选择安逸。

既没有捷径也没有必胜法

格斗游戏实际上是一项个人竞技。虽然有些比赛会要求 3 个人组成一组参赛，但一般情况是单打独斗。

和有教练、领队的运动项目，或有大师、伟大前辈的艺术世界不同，在格斗游戏的世界里，大家永远都是孤军奋战。

当然，可以从对战选手那里学到东西，但这也完全取决于自身的想法。没有人会时而和蔼、时而严厉地传授你增强实力的方法。

在游戏世界，会定期出现新的形式，也就是新作品。因此，游戏规则的变更、新制度的导入、像素的提升，以及技法的简化或复杂化等要素，都会导致竞技的本质发生改变。因此，之前掌握的技术虽然适用于某种游戏，但却不适用于另外一种游戏，这种情况十分常见。

几乎不存在可以快速增强实力的捷径或方法。

一直在格斗游戏前沿的我无法听取他人的教导。因为一直以来，我都是一个人披荆斩棘。

自己具备何种程度的潜力，如何才能最大限度地发挥潜力，以及如何提高自己的练习效率等，这些都是需要独自思考的事项。

没有教练，也没有领队，全部责任都需要由自己承担。无论是胜利还是失败，都无法将责任推卸给任何人。

正因为如此，才更要坚定决心，在自己选择的道路上奋勇前进。这也是在不断回答"能够信任自己到何种程度"这一终极问题。

我坚信在任何情况下都要不断努力。即便没有才能，只要不断努力，一定会找到正确答案。

我不是那种因为有了灵感，突然就会找到正确答案的人。

这意味着我绝对不是一个游戏天才。因此，我只能坚持脚踏实地地努力。

如果被问道："梅原大吾最大的武器是什么？"我会自信地回答："无论怎样被击倒也绝不放弃，迅速起来应战。"

我会在练习中尝试所有的可能性。因为我确信并无必胜之法，所以要不断尝试各种方法。

虽然我认为这种方法不可行，但没有实际尝试的话无法得知是否真的不可行。首先尝试一种方法，然后得知不可行，再尝试另一种方法；得知这种方法可行，暂且将这种方法当作主力的战术。总之，就是要彻底尝试所有能够做到的事。

因为会逐一尝试所有的可能性，所以哪种方法好，哪种方法行不通，身体会将其作为自身的经验而牢牢记住。

一般来说，人们会预测这个方向可行，从而选择这个方向。但是，我会彻底尝试所有可能的方向。

没有必要对"正确答案在哪个方向"这个问题犹豫不定，因为只要探查了所有方向，就一定能够发现正确答案。

当然，依据经验会判断可能存在正确答案的方向，但我仍然不会改变尝试所有可能性的做法。

这如同在迷宫中一直沿着右侧墙壁行走就能到达终点是一样的方法。虽然不可行的方法依旧不可行，但因为自己已经尝试过，所以能够毫不犹豫地舍弃不可行的方法。

战术上没有专利

通过尝试所有的可能性来摸索战术时，有时会获得令人震惊的发现。这可以说是增强操纵游戏人物能力的"梅原流派的秘诀"吧。

尽管如此，我并不会过度在意"秘诀"。

在玩游戏的过程中，我既不会说出我在关注什么，也不会公布发现的战术。当然，我不会隐藏这些事项，因此，观战的人会迅速注意到这些战术。

我本意就在于"请大家随意使用我发明的战术"。但是，"等你们都记住这种方法的时候，我就不会再使用它了"。

我从来没有找到有关游戏玩法的正确答案。

这和艺术作品是一样的。即便是很多人都认为"非常出色"的艺术作品，人们对它的价值观也会随着时代的变迁而发生变化。或许它的价值并没有下降，只是因为答案并不是只有一个。当然，审美也是因人而异的。

流行也是如此。但是，等待流行的到来，无疑是比流行之前还要倒退的行为。一时性的事物，会以异常的速度和规模广泛传播，最终也会被大众厌烦而消失。

一旦有了"这是我的作战方法，所以要坚持"这样的想法，那么当流行过去，或是作战方法不再通用的时候，就会遭遇巨大的障碍。

因此，必须要经常改变、改进战术和战略。要不断加入新的想法，不断改善旧的事物。

提升自我，意味着创造新事物或积累经验，并不是要将自己填满。

持续创造出更新、更好的事物的态度，才是更加重要的事情。

战术无法申请专利。不存在除想出这种战术的人以外，其他人不许使用这样的规则。任何人都可以自由模仿他人的战术，并在此基础上加入自己的想法。

我也经历过自己费尽精力发明的战术被他人模仿，也曾想过："这样做究竟有什么意义？"但是我在很早的时候就明白了，自己努力发现的战术，也就是仿佛专利一样的战术，并不是专属于自己的战术。

那么，专属于自己的并且能够让自己长久获得胜利的事情是什么呢？

那就是创造新战术（专利）的努力，以及相应的技巧。当意识到这一点以后，即便有人模仿我的战术，我也丝毫不会在意了。

比起发明的专利，发明专利的能力才是更为重要的。

在商务领域，不断创造出改良品的能量，以及至今仍没有转化成商品，却能够将有需求的事物转化为具体形式的思考能力，不断开发能够找出全新的突破点的市场营销

策略的能力，难道不是比创造暂时性的商品和战略更具有
价值吗？

　　每当我想出新的战术，使用一段时间之后，就会立刻
开始寻找下一个战术的线索。

　　正因为有不依赖曾经创造出战术的觉悟和不断寻找新
战术的忍耐，我才能居于首位。

　　大多数人都会坚持并陶醉于自己辛苦创造的成果，会
放心地想："这下可以没问题了。"但这恰好会成为一个弱
点。总会有耗尽积蓄的一天。

　　人类这种生物，对新生事物具备很强的适应力。

　　因此，领头者必须不断创新。否则就会被众多竞争者
淹没，无法维持第一的地位。

专注于眼前的对手

　　为了提高自己的实力，首先需要全力以赴地面对眼前
的胜负。

小时候，我一开始想成为本地的游戏厅的第一名，接下来想要打败邻镇的哥哥，如果打败那个人的话，再去挑战据说是在秋叶原最强的大叔，像这样不断努力。

在刚开始玩游戏的时候我曾想过："一定要成为世界第一，肯定会实现的。"虽说如此，我也并非是为了成为世界第一而战。我认为我取得世界冠军，只是专注和当前的对手对战，并不断获得胜利的结果。

无法迈上脚下的台阶，也就无法实现更远大的目标。但是，很多人都没有意识到这个很简单的道理。

无论面对怎样的对手，想要击败一个人都绝非易事。

对方是强硬还是谦虚，喜欢的事物是什么，在怎样的家庭环境中成长，喜欢什么样的游戏，目前为止都玩过哪些游戏……即便考虑所有因素，并仔细分析，也无法完全了解对手。

当然，我并不会详细地分析每一位对手。当遇到比自己有实力，或是自己想要打败的对手时，我就会涌现出想要征服眼前的高峰的强烈欲望。

不断摸索，历经各种战斗的考验，重复经历成功与失败，才能击败一个人。我觉得这才是人与人之间的比赛。

错误的努力

有些人会试图隐藏自己发明的战术或玩法。这样做或许是为了保住自己建立起来的地位，也或许是不想输掉比赛。我也能够理解他们的心情。

但是，一旦发现自己不是堂堂正正获胜的那一刻起，我就无法获胜了。除非是正面对决的结果，否则即便获得压倒性的胜利，我也无法接受。

在中学时期成为日本第一后，我和不同的人进行过比赛。其中既有只对战过一次的人，也有对战过千百次以上的人。

当我经历过各种比赛后，我已经能够很自然地分辨出对手是以怎样的心态面对比赛的。其中，有很多是想让我这个获得日本第一的小孩大吃一惊的大人。

只是为了获得一次的胜利，有的人会使用仅能使用一次的战术。这是如同烟花一般，在一瞬间具有强大威力的战斗方式。因为这种方式近乎偷袭或趁对方不备，所以绝不会再使用第二次，一旦获胜就要立刻撤退。

即便是小孩子，也觉得这种做法称不上光明磊落。

也有只依靠窍门和小聪明获胜的玩家。他们能够尽快抓住游戏的攻略要点，乘虚而入地攻击，或者是在比赛前试图拼命地打破对方的心理防线。

我不想用这样的方式比赛。

因为，我自己曾使用过同样的手法，我认为这样是不对的。

中学的时候，我一直在同一个游戏厅玩游戏，几乎了解所有来游戏厅的人，也经常和相同的人对战。

某一天，我先去了游戏厅，坐到了面对面的座位，突然想做让对方感到厌恶的事。于是，我将空罐子放在了座位和台子上。因为是游戏厅，所以这样做并没有什么不自然。我想试图扰乱对方的情绪，让他因看到空罐子而感觉不快。

但是，没多久我就改变了这种想法。

"如果自己遭遇了同样的事，在精神上是否会受到影响呢？"

或许我不会因为这样的事而产生动摇。

然而可悲的是，我这样做就是以自身证明了这类人的存在。在这时，我才第一次知道，作为作战策略，有人会刻意让对手产生不良的情绪。一旦明白了这一点，我就意识到，除我之外的人，恐怕早就了解到会有人使用这样的"战术"。

这样一想，不了解这一点的人或许会觉得震惊："为什么会有这种人，让人感到不快。"而大多数人则会认为"使用这种无耻的手段，我是不会上当的"，并且不会在意这样的事。

更糟糕的是，这样做反而会引起对方的轻视："他竟然用这种手段，原来梅原是依赖这种伎俩的人。"游戏也是精神战，一旦被对方看透心理，就会陷入不利的境地。

并且，为了获胜依靠这种不入流的手段，这样的人也并不可怕；无论发生什么事都能保持平常心的话，就不会败给这样的对手。察觉到这一点以后，我就再也没有做过那样不正当的事了。

与其削弱对手，不如增强自身的实力。通过妨碍别人而让自己处于优势的人或许确实存在，但这种做法注定是无法长久持续的。

没有变化就没有成长

对我来说，正确的努力就是让自己不断成长。

今天的自己和昨天的自己是完全不同的。

正是这样的意识促使我不断成长。

在游戏的领域里，没有变化就没有成长。

"这样下去可以吗？"

"要跳出形式，尝试挑战新的事物。"

"拼命想出的战术已经失去作用。思考其他的方法吧。"

身处游戏的领域里，要具备这种不断改变自我的意识。

很多人会认为改变和前进是完全不同的。确实，改变会令人感到不安，改变后也不一定会获得胜利。但是，只要不断改变就一定能够前进。

因为改变而失败或是落后于他人时，应该尝试再次做出改变。如果意识到自身的不足并做出改变的话，那一定会登上比之前更高的位置。

即便是后退，也有后退的意义。以此为契机，可能会发现连续前进两步的方法。

只要不断改变，一定能够找到正确的答案。并且，如果发现不正确的事情，就会明白与之相反就是正确的。因此，你才能够前进。

所谓成长，就是以不停留在同一地方的这种形式米促使自身改变。

并且，只要不断成长，即便年纪变大，遇到了新的游戏或年轻且有实力的玩家，不断成长的人仍然能够持续获得胜利。

记录"在意的事情"

任何人无论在做什么，应该都会遇到一些"在意的事情"。但一般情况下，大家往往选择忽视这些"在意的事情"，随之忘却。

在工作中，对于合作伙伴的行为感到不解，却选择视而不见；或是在考试复习时，自己的方法和标准的解题思路不同，但却得出了正确答案，便会想"就这样吧"，从而忽视这些疑问。

我在玩游戏的时候，经常会遇到这样的问题，有时也会感到困惑。

在游戏厅对战时，或一个人练习时，会遇到些略微在意的事情。

经验告诉我，不能忽视这些在意的事。

"好像有些奇怪……但是，应该也不是大问题吧。"

如果忽视让自己在意的事情，可能后面会遭遇惨痛的教训。到那时就会想起："当时我确实觉得有些奇怪"，从而后悔不已。

因此，遇到在意的事情就一定要记录下来。如果当时没有多余的时间，则要告诉自己后期一定要解决，逐条记录感觉"可能会有问题"的地方。

我总是将这些记录在手机里。

一旦想着"算了吧"的时候，我就会立刻提醒自己："危险，危险"，然后拿出手机立刻记录。如果不立刻记录下来的话，事后很难想起是什么问题。毫不犹豫地记录自己发现的问题，即便是经过一段时间后也可以解决这个问题。

在不断重复和人比赛的过程中，我对于"人"，也发现了一些让我在意的事情。比如，无论面对怎样的对手，都不应该轻视对方。

如果在一天中连续进行多次比赛的话，有的人可能会想:"比赛很无聊,反正都会获胜,不比赛也没什么。"或者"虽然不知道对手是怎样的人,但是总能打赢他,不分析对手也是可以的。"从而轻视对方。

一旦输给这种轻视之心,日后一定会遭遇惨痛的经历。

有趣的是,在比赛中被击中弱点而失败时,对手往往是之前轻视的对象。

虽然能够打败所有自己警惕的强者,但是却会败给等级比自己低的对手。我也曾经历过几次这样的情况。

在大家看来,世界冠军就是终有一天一定要打败的对象。为了不被这样的对手击败,即便遇到细微的问题也要认真记录,并且尽早解决这些问题。

只要重视任何让自己感到异样的小事,就能够守住强者的地位。

每天做出一点小改变

改变的规模和影响也分为几种类型。

既有日常细微的改变，也有能够实现飞跃性转变的剧变。无论哪一种变化都很重要，不能单纯地以变化程度来决定孰好孰坏。

　　如果是游戏世界里的日常变化，可以分为几个专业战术的话题。

　　进攻、防守的方式、攻击的模式、技能的组合，以及使用时机、自己和对手选择的格斗人物的契合性……将对战细分化，可以逐渐做出一些改变。

　　我们来看一下以进攻为主的局面。虽然这种战术也有效，但是我们也可以尝试一下其他的组合。例如，提前使用必杀技，根据情况，也可以适当延后，或是刻意选择平时不会使用的游戏角色。

　　当然，既然是格斗游戏，在遇到对手后才会开始涉及战术。想要尝试的改变，与自己感觉是否灵活、实用并没有太大的关系，重要的是这些改变能够给对方带去怎样的影响。

　　"好像不喜欢我的技能。"

　　"那种进攻有效，但是这种方式也可行。"

　　"我真的不擅长防守啊！"

这些发现，能够证明自己尝试的正确性。

这种做法不仅限于游戏，任何人都可以尝试在日常生活中做出一些细微的改变。

比如，有时可以尝试换一条路回家，试一下从来没有吃过的菜，或者在从没去过的地方下车。

哪怕是小事，也要尝试做出改变。

只要有这样的意识，任何人，在任何时候都能够改变自己。像这样，不断地积累经验，某天就会发现自己的视野比从前开阔了很多。

至少我相信这种做法的正确性，并且一直在有意识地改变自己。

改变的循环

在格斗游戏上尝试调整战术的话，小的改变需要大约 1 周，而大的改变则要 3 个月左右才能完成。

"啊，战术变了！"像这样能够给对方留下深刻印象的大变化，也是与对手有密切关系的。为了应对对手的变化，在改变的过程中也必须付出更多的努力。另外，因为大幅调整战术在某种程度上来说也属于高等级的挑战，因此，到达质变的临界点需要两三个月的时间。

首先，需要具备想要做出改变的想法，然后开始尝试。在这个过程中，有时会成功，有时也会失败。当然，也会怀疑"这样做可以吗?"。

到第 3 个月，才能走出不断摸索的隧道。

尝试了 3 个月后，就会有"朝这个方向做出改变"的想法。

当然，穿过隧道后也要继续改变。

隧道的前方还有隧道。或许，在追求游戏并维持实力的过程中，可能需要不断地穿越隧道。

从事开发性工作的人，每隔 3 个月就要开发新的商品。新商品要优于旧商品，不仅要必须具备符合当今消费者需求的附加价值，还要维持商品当前的性能、品质和安全性。

要想一直居于领先的位置，就要做好在历经多次失败获得成功之后，去迎接难度更大的挑战这样的心理准备。

挑战不擅长的事

为了持续改变，即不断进步，也可以尝试挑战自己不擅长的事。

我经常在比赛中，有些人可能是在工作中，尝试和自己不喜欢的人交往，这或许会成为非常好的经验。年轻的时候，我会因不喜欢而避免接近一个人。随着年龄的增长，我反而会有意识地接近并了解我不喜欢的人。

"还是不擅长和这类人接触。"

虽然最终结果可能还是会这样，但我马上告诉自己，如果就此撤退的话就认输了。

确实很难接受讨厌的人，但是也可以想办法淡化厌恶感，承认那也是一种个性，或者将其当作一种巧妙的玩法，试着接受那个人。特意和自己讨厌的人交往，并在不感到厌恶的情况下度过一段时间，那么就能够从中看到自身的成长。

令人感到惊奇的是，游戏和人性在很多地方是相关联的。

一个人从小时候开始塑造的性格、攻击性、优点、意志力和聪明等特性，大概可以通过游戏显现出来吧。

在平时就具有攻击性的人，在比赛中会显露出咄咄逼人的态度，喜欢讲道理的人在比赛时也会使用十分有逻辑的战术，而怯懦胆小的人则会注重防守。

因此，即便是在游戏领域，比赛当中也要仔细观察对手。

可能是我从小时候开始就观察人类，并不断参加比赛的缘故，我自认为识人的能力，以及辨别他人是否与自己合得来的能力也十分出色。

游戏厅里会聚集各式各样的人。而且，大多数人是在社会或是普通生活中有些"异端的人"。也许因为日常总是置身于这样的人群当中吧，我能很清楚地辨别出正常和非正常的界限。

彻底分析一个人当然需要花费相应的时间，但是我却能够瞬间发现对方隐藏在无意识言行中的非正常之处。

从以往的经验来看，如果我不喜欢与某个人打交道，那么大部分情况下，我也不会认可这个人的游戏战术。相反，能够让人由衷钦佩"玩得真好"的人，实际交流时给人的感觉也非常好，很多是我喜欢的类型。

无论怎么说，人和人之间的相处，可能和玩游戏有相通之处。

正因为如此，我会去尝试接触自己不喜欢的人，以此来克服不擅长的意识。虽然经常和合得来的人接触十分愉快，但这样的话就无法超越喜爱和厌恶而变得强大起来。

积极对待自己不喜欢的人或事，才能让自身脱胎换骨，获得巨大成长。

理论也要进化

在胜负的世界里，经常会存在理论。在格斗游戏中，既有系统上的理论，也有计算如何对应对方的攻势的理论。

理论是指，在游戏系统中"被攻击下盘的话十分危险"，或是在预测对方行动时"对方进攻模式单一，很容易预测"。理论是在状况不佳，以及无法预测对方行动时值得信赖的手段。

但是，过度依赖理论也会有弊端。理论并不是绝对的，并不是说在确立理论的时间点上，所有工作就结束了。

假如因过于依靠理论而陷入困难的境地，也无法轻易从中摆脱。

因此，有必要让理论不断发展。

虽然规则并不是为了被打破而存在，但理论是为了被质疑而存在。

"虽然大家都说这种做法是正确的，但真的是这样吗?"

"虽然普遍来说是正确的，但对于这个对手来说并没有效果。"

像这样，我们需要以一个理论为支柱，并不断探求更进一步的答案。

不依靠理论，并让理论持续进化。如果想要获取更多的胜利，成为冠军，并不断胜利，那么，请从怀疑理论开始。

不停止思考

为了持续获得胜利，就必须深入思考一个问题：如何抛弃固定观念，改变看待问题的视点和角度，并彻底查明原因。

有时，无论怎样思考也无法前进……

若是遇到了瓶颈期，也要时刻把问题放在心上，使自己能够随时进入思考的状态。

即便无法立刻得出答案，但只要花费时间思考就一定会得到一个好的答案。

在看似毫无关联之处得到提示，或是朋友随意说出的一句话反而成了最好的建议，这种情况也十分常见。

一生中有约1300项发明的美国发明家托马斯·爱迪生也曾说过："不成功的人，是那些不努力思考的人。"我觉得正是如此。

总之，只要持续思考就能发现出口。

"或许这个想法可行"，有时也会突然灵光一闪。

像这样一旦养成了深入思考的习惯，思考就变成了日常行为，就能够比他人更加深入地思考事物。

例如，一只小鸟在飞。

无法获胜的人看到飞翔的小鸟只会想到"小鸟在飞翔"，并不会扩展自身的想法。

比普通人略胜一筹的人，会稍微深入思考。会想到"小鸟会飞翔，是因为有翅膀，有翅膀就能飞翔"。

经常获胜的人，或总是期望获得胜利的人会深入思考："为什么我没有翅膀呢?""没有翅膀的话，真的不能飞吗?""难道没有能够代替翅膀的东西吗?"

或者，还有人会这样想："有在空中飞翔的必要吗? 不会飞也挺好吧。"

或许有人会觉得思考这样的问题有什么意义吗? 即便思考看似无关紧要的事，也一定会获得一些发现，最终得到属于自己的答案。

这个答案是否正确并不重要。通过深入思考，最终发现某个答案和想法，这才是最重要的。

"我虽然没有翅膀，但是没关系，我拥有的部分并不输于翅膀。"

如果能够发现这样的答案，就能充满自信地前进。不是被人传授的答案，而是用自己的大脑找到只属于自己的答案。

如果在平时就养成了多角度思考的习惯，那么，在遇到突发状况时就不会慌张。在攻击作战对手时，使用这样的进攻，以及这样的防守，像这样推进战斗，很多时候能够比他人更早发现突破口。

"小鸟是会飞的。"

停步于此并不再思考的人，遭遇困难的时候是无法依靠自己的力量走出困境的。即便如此，仍有很多人放弃思考，放弃解决问题，始终满腹牢骚。

思考的力量

我从小的时候就很喜欢思考。

自己一个人思考，思考，再思考也无法找到答案的时候，我就会问父亲，或是跟母亲谈。虽然我的父母并不具备游戏知识，但是我边听他们的回答边寻找提示，往往也能获得意想不到的答案。

此外，我读了很多书，如运动员的自传、象棋名人在比赛时的故事等。虽然他们所在的领域不同，但都属于胜负的世界，他们的话有时候会给我带来一些启发。

"失败的地方很相似啊。"

"原来如此，还有这样的解决方法。"

像这样，我是一个经常在寻求答案的人。

我从来不认为思考是一件很麻烦的事。

在自己脑海里思考事物既不会遭到批评，也不会被辱骂；也不会被他人认为"不过是游戏而已，不必做到这种程度"。

为解决问题而思考的时光是非常愉快的。

"我现在正在拼命地思考。"

因为有这种真实的感觉，所以我才会感到安心，自己前进的道路，以及走在这条路上的自己的态度并不会遭到他人的嘲笑。

即便和同学所专注的事比较，我也不会认为自己脑海中浮现的事、思考的事与其有差距。

在他人看来，全身心地投入游戏或许只是在玩耍。但是在认真思考这一点上，我和大家是相同的，这样想我就会很安心，觉得自己还是有进取心的。还没有习惯思考的孩子时期，想要做到深思熟虑并不轻松，但却能够从中获得充实感和满足感。

像这样通过深入思考，最终找到了答案，不仅能够切实感受到自己的努力，也会增强自信心。

首先是变化

改变的关键在于"不要考虑这样做是否会变好"。如果结果不好的话，在意识到这一点时及时调整即可。

总之，最重要的是不断做出改变。

是变好还是变坏，在改变之前无从得知。但是，从经验上来说，只要持续做出改变，一定会登上比现在更高的地方。

当然，有时也会在改变后才发现改变之前的益处。这时，只要综合二者好的部分，并进一步做出改变即可。

话虽如此，我在小时候也是非常害怕改变的。虽然我从未对改变游戏战术和技巧感到不安，但是在想要展示出与以往不同的自己，或是挑战不擅长的领域时，我非常害怕看到结果以及周围人的反应。

小时候，我特别在意他人的看法。我经常会在意自己是否被人嘲笑。

例如，和初次见面的人交谈后，在回家的路上，或是回到家，我经常会独自烦恼："我采取了和以往不同的待人方式，谈话不是很顺利。"我很讨厌会烦恼这些事情的自己。晚上也无法安然入睡，长时间沉溺在苦闷的情绪中。

某天，我突然开始感到不安，是否自己的一生都要如此度过？一两天的话或许还能够承受，是否5年、10年，或者一生都要忍受这种精神上的痛苦？这样一想，我不禁感到害怕。若害怕失败，那么无论到什么时候也无法喜欢自己，这样实在过于悲惨。

实际上，无论遭遇怎样的失败，感到多么羞耻，也不会因此而被他人厌恶。

"那家伙不行啊，又失败了。"

大多数人在尝试新事物之前会顾虑他人的评价。并且，还会衡量自己的实力和成功的概率，害怕遭遇失败……

在我活跃的游戏世界里，周围有很多这样的人。

以人际关系为例，因为自己的交际能力差，所以不想和他人交流。在胜负的世界里，有时是依据实力决定上下级关系的，因此，有人认为即便主动交谈也不会成为朋友。

因为感觉自己的实力有限，所以认为即便和世界冠军比赛也无法获胜，从而畏缩不前。

那么，不希望自己有任何进步，这样的人生岂不是很无趣吗？

想交谈时便交谈，想比赛时便比赛。

这样做并不会有生命危险。虽然可能会被人冷眼相待，或是遭遇彻底失败，但这样的结果并不会对人生带来很大的影响。

一味地害怕失败，惧怕做任何事才是最糟糕的。

虽然这并不合理，但世间仅以结果来评判一个人的风向却又是真实存在的。

我也曾真实地感受到不允许失败的这种不宽容的氛围。无论是谁，都不想被烙上失败者的印记。

"你没有才能，放弃吧，正视现实。"

"即便努力，你也会失败。最好还是放弃吧。"

"坚持做没有前途的事，是不明智的。"

听到这样的话，任何人都会犹豫不决。这是大人教育小孩的常用句式。

可能很多人认为一边计算一边前进才能找到捷径。善于处世的人，或是头脑精明的人大多如此。

但是，从我的经验来看，这样做是错误的。不经历失败就能够前进，这样的案例是极其少见的。有时会感到害怕，想要回避，一边敷衍一边前进，但若想要达到更高的水准，很多情况下最终会碰上本以为已经回避的障碍。与其说是遇到障碍，不如说是不跨越这个障碍就无法迈向更高的台阶。

若是这样，我会立刻行动，只有不断经历失败才会拥有真正的实力，也是通向更高处的途径。

做出改变，不惧失败

是否能够不惧失败而采取行动，是衡量自己目前是否停滞不前的一个良好的指标。

"或许没有成长。"

"感觉战术并没有变化。"

"我现在可能停滞不前。"

如果你感到有这些问题，就可以认为这是需要立刻做出改变的信号。

虽说是需要做出改变，也不必刻意追求巨大的变化。只要做出能够改变自己的小尝试，小进步即可。

不要错过任何细微的变化，有意识地每天做出一些改变，总有一天会收获巨大的变化。下定决心想要做出改变时，应该毫不犹豫地付诸行动。当一年或者两年的周期到来时，平时有意识地做出改变的人，可以毫不犹豫地开启新的挑战之路。

我不认为一个平时不注重改变自己，只是一味地选择保守方式的人，站在重要的岔路口时能够做出正确的判断。日常的一点一滴的积累，才能在紧要关头发挥力量。

游戏世界中的改变和挑战是指：敢于挑战自己从未接触过的游戏。虽然一开始就知道无法获胜，但还是会参加注定会失败的比赛。

失败了就会后悔，也知道周围的人会以"世界冠军失败了"这种好奇的眼光看我，但我不会停止挑战。

我虽然是处于被追逐立场的世界冠军，但是比起被挑战，挑战更符合我的性格。被挑战的状态是由别人来决定的。要想登上更高的地方，绝对不能处于被动的状态。

如果遇到无论怎样努力都无法获胜的对手，或许我会感到很开心吧。

面对这样的对手，当然会感到痛苦，也无法笑着迎接战斗。但是，回想起来的时候，就能够发现自己已经获得了惊人的进步。

思索如何打倒比自己强的对手，为此磨炼技术，不断调整战术，终于在打倒对方的瞬间感受到喜悦，这也是得到回报的瞬间。

别在意他人的目光

我认为有很多人都特别在意他人和世俗的目光。当然，具备一定程度的常识、礼仪和尊重对方的态度是十分重要的。尽管如此，如果过于在意不会给自己人生带来过多的影响的人的想法，则无法活出自己的样子。

即使在胜负的世界里，也有人认为勇于挑战这种做法本身是很丢脸的。他们会认为，如果失败了会感到羞耻，而过于努力这种做法又不是很聪明，但过于执着又无法果断放弃，等等。

很多人认为自己拼命努力的样子很不体面。遭遇失败时，惧怕他人的目光而放弃认真对待事物，我认为有这种心态的人很难获得结果。并且，过于在意他人的目光，配合他人做出行动，无法让自己感到愉快。

在漫长的人生中，总是在意他人的目光是非常拘束且痛苦的。

任何人都应该明白，没有必要在乎他人的目光。但是，受常识制约的人，只能在普通的轨道上行走吧。

"因为大家都很在意，所以我不能不在意。"

抱着这样想法的人，无法走属于自己的路。

有时也会感到不安：或者不在乎他人的目光，走自己的路会怎样呢？或许也会想到：因为迄今为止走的是一条普通的路，所以也许无法想象走一条只属于自己的道路会有怎样的结果，但是人生既有痛苦也有欢乐……

实际上，似乎很多人都抱有相同的烦恼。

"进入父母安排的大学、公司有意义吗？"

"为什么一定要顾虑他人，控制自己的发言才能生存呢？"

在和年轻人交谈时，我经常能听到他们发出这样的疑惑。

在胜负的世界里，在意他人的目光只会带来负面的影响。因为一旦在意他人的目光，就无法坚持原本应该采取的行动。

年轻时，我认为只要不放弃就会有结果。现在，我明白了即便不放弃也未必会获得结果。因为这取决于将目标放在哪里，以什么标准来判断是否获得了结果。并且，我也明确地知道存在无法轻易获得的事物。

即便不轻言放弃，也并非能够成为世界冠军。但是，放弃的同时也意味着自己已经承认一切已结束了这个事实。在意他人的目光时还能够坚持不放弃，也是非常困难的。

"那家伙，明明那么努力地挑战，却没获得结果。"

在意他人目光的人可能无法承受这种评价。

换个角度来看，一直坚持努力的人并不在意他人的眼光，他们能够沉浸在自己的世界里。

根据以往的经验，我不能断言只要不放弃就会有结果。但是，如果一直坚持下去，一定会迎来能够做到不在乎他人目光的那一天。并且，生活在不在乎他人目光的世界里真的非常快乐。我能够断言这一点。

只要不断努力，总有一天能够做到不在意他人的目光。

在这两三年里，我终于意识到他人的评价和结果只是一时的事物，自己所付出的努力才更加宝贵。会烦恼自己的努力是否正确，是因为还没有建立自信。如果不因此退缩，继续保持坚强的意志，总有一天会这样想："虽然可能并不正确，但我要坚持这种做法。"

现在，我真实地感受到这一点，并且每天都感到非常快乐。恐怕，这是我人生中最快乐的时光。现在，我不仅能够专注做自己喜欢的事，最重要的是还能够不在意他人的目光和评价。或者，也许这也是我有所成长的地方。

注意力

不在乎他人的目光还有一个优点，那就是能够极大程度地集中注意力。拥有自我意识的人是能够确信"我这样做即可"的人，因此，这样的人能够做到绝对的专注。

当他们感觉到"正在在意别人的眼光"时，就会思考"采取怎样的行动，才能够消除这种在意"，并且会不断重复这种行动。通过不断重复，能够防止自己在意他人的目光，并能够延长集中注意力的时间。

当因为他人的目光而想要放弃时，应该思考"是否真的需要放弃"。当然，应该避免给他人带去麻烦，但如果是沉浸在自己的世界中的行动，则没有放弃的必要。

无论是有关体育运动、学习，还是爱好，我曾听到过这样的话："被他人看到正在努力是很羞耻的，所以要偷偷练习。"但是，正是在这种时刻，才要正大光明地坚持下去。

年轻人因为在意他人的目光而无法做自己想做的事，这是极其不幸的。因为我自己就活跃在社会评价很低的游戏世界当中，所以我深刻了解避开他人批判的目光，坚持做自己喜欢的事是何等困难。

高度集中注意力，就是在对抗他人的目光，以及正视自身的过程中培养的。

小时候，我常常这样问自己：

"这样可以吗？"

"我真的只能玩游戏吗？"

"其他人和我有什么不同？"

像这样，每天我都在半夜里独自严厉地责问自己。在不断思索的同时，也做到了高度集中注意力。在我看来，思考本身或许就是集中注意力的一环。

我认为，不在意他人的目光，珍惜面对自己的时间，以及深思、苦恼的时间，才能高度集中注意力。

我经常听到有人说："梅原打游戏的时候是毫无表情的。"我非常想让大家观看我比赛时的视频，确实是已经做到大彻大悟的面无表情。我认为这是我不在意他人目光的证明，也是完全集中注意力的体现。

选择竞争最激烈的游戏

我会尽可能地玩一些当下流行的游戏，也就是大家都喜欢的、在各个时期被称为经典的游戏。

当前流行的游戏能够集聚大量的强者。对于像我这样以在主战场的最前线战斗为宗旨的人来说，到达顶层的阻力具有无法抵挡的魅力。当然也有人刻意选择不玩流行游戏，但是我没有这样的想法。

当一个游戏越是受到更多人的喜爱，玩家整体的水平就越会不断提高。有人在水平较低的范围内取得第一，也会想说"我是第一名"。归根结底，这些人的目的大概是拥有第一的名号，变得有名。即便如此，他们的做法无可厚非，但对于这样想的人，我也不会过多干涉。

例如，对大部分的人来说，工作的目的就是为了赚钱，注重发展商业本身，为精通此道而努力奋斗的人相对较少。

对以获得金钱为目的的人来说，可能没有必要付出效率低下的努力，也没必要遭受痛苦。因为只要能获得金钱，即便自身没有任何成长也能够感到满足。

但是，对那些没有将商务视为赚钱方式而是人生目标的人，以及像我一样想要通过游戏促进自身成长的人，应该积极接触流行的事物。虽然使用流行这个词语容易招致误解，但我认为，还是应该在战争最激烈的战场进行战斗。

至少我有这样的自负：我是经常在激烈竞争的最前线战斗过来的。

因此，我几乎没有长时间玩同一个游戏的习惯。

有坚持玩了三四年的游戏，也有感觉到不是在竞争最激烈前线，1 年左右就干脆放弃的游戏。因此，大家都很惊讶，经常会这样说：

"好不容易掌握了这种游戏的玩法，真可惜。"

"为什么一定要玩流行游戏呢？"

但是，我的想法却完全相反。为什么不能玩流行的游戏呢？以角色扮演游戏为例，我丝毫不会有好不容易达到99级这样的感觉。

过于执着自己所获得成果的人，会让自身成长这件事放在最后实行。如果一个人挑战新事物的欲望不是很强烈的话，那么，这个人也会缺乏创造新事物的创造性。

那么，这样的人也永远无法超越领跑者。

因为害怕从头开始玩一个新的游戏，只能等待别人成功后再去模仿，所以只能沉浸在过去的美好回忆中。

我喜欢挑战。

每当新游戏上市，并预感这个游戏似乎会流行起来，我就会很高兴。如果感觉到大家都在很认真地玩这个游戏，我也会非常兴奋："那么，竞争开始了。"因为出现了自己可以创造专利的舞台，所以会很振奋。追求新游戏和发现新自我是紧密联结的。

其中也有持续玩了近10年的游戏，或许从中可能会生出新的战术、攻略和构思，但是这与我无关。

当然，坚持玩这样的游戏应该也是能够感到愉快的……

游戏的周期大致为 1—3 年，这个周期的时长或许很接近商务领域中的市场，以及竞争对手的变化周期。为了始终走在最前列，必须时刻高度关注时代的变化，在流行的事物、聚集了大家热切关注的舞台上战斗。

即便存在"绝对不能在这里失败"的平台，但一旦被这一点束缚的话，就无法到达新的境界。要以平常的心态冲出自己熟悉的领域，和大多数人一起从零开始。要经常让自己置身于残酷的竞争中，否则持续胜利的实力就会被减弱，甚至退化。

以未知的领域为目标

选择方便的方法、最快的捷径或模仿他人的人，无论怎样努力，最大程度也只能获得 10 分的实力。但是，那些在自己开拓的道路上前行的人，可以获得 11 分、12 分，甚至是 13 分的实力。

获得 10 分的实力并不是一件难事。这等同于重新走一遍别人走过的路，道路当然光明通畅。如今，因为网络能够检索并发布信息，所以信息扩散的速度非常快，也更容易获得。通过在网络上检索而掌握的战术即便不是最强的，也是当下很强的战术，也具备不会因对手轻微的努力而战胜的实力。

另一方面，为了获得超过 10 分力量的道路是被黑暗包围的。从未有人走过这条路，连前方是否有路也无从得知。即使沿着这条路前进，也无法保证能够获得 11 分、12 分、13 分的实力。

尽管前方漆黑一片，什么也看不到，但是，前方一定会有路。如果没有这样的信心，就无法继续前进。一定要坚信自己的想法是正确的。虽然是没有人走过的路，但是只要继续前行，就一定能够比别人走得更远。如果想要变得比他人更有实力，就要相信自己，消除不安，一心向前。

一旦败给了"也许不行"这种不安，就会瞬间迷失方向。脚下不稳，连站立都会困难。

那么，应该选择哪条路呢，选择能够获得 10 分实力的光明、平坦的大路呢，还是选择也许能够获得 11 分、12 分、13 分实力，但是黑暗艰险的道路呢？

或许每个人的想法不同，做出的选择也会不同。但我会毫不犹豫地选择后者。

即便找不到正确答案，也要想办法用自己的脚走路，用自己的方法实现想要更上一层楼的愿望。

我觉得是否应该选择崎岖的道路，这和本人所热衷的事物的重要程度是紧密相连的。如果能够在格斗游戏中取得一定程度的胜利，拥有 10 分实力的话，一般人就会感到很满足了吧。但是，对像我一样将一切都赌在格斗游戏上的人来说，并不会满足于和别人获得相同的实力。我也无法从中看到自己努力拼搏的价值。

只要获得一定成绩即可的话，我会选择能够轻松获得 10 分实力的方法。我也会感到很高兴："如此轻松就能获胜，这样就行。"谁也不会装腔作势刻意选择艰难的道路，因为便捷且安全的道路不仅舒适，还会有更高的效率。

但是，格斗游戏对我来说是非常特别的存在。

游戏是最重要的。当然，胜负也很重要，在对待游戏的方式上，我也不想输给任何人。因此，不能有丝毫的松懈。

借助轻松的方法获取胜利，不如退出比赛。

想要成为行业的领军者，并且想以第一名的身份持续领跑的话，就绝对不能只满足于获得 10 分的实力。

只有选择没有人走过的道路，并且在黑暗中坚持前行，才能在即便能量槽只剩 1 格的状况下也取得胜利。

无法模仿的强大

超过 10 分的强大实力是无法传授，也是无法模仿的。

恐怕，大多数人难以察觉其中的差距。这种实力和任何人都能够通过模仿获得的 10 分的实力，是属于不同世界的。

"那家伙为什么会拥有那样的实力？虽然我知道他很有实力，但是……"

你是否也曾有过这样的疑问？

用只有自己了解的努力获得 11 分、12 分、13 分实力的人，才会获得绝对的自信，并且绝不会动摇。

那个人和自己有什么不同？在哪些地方有实力？如果

能达到令周围的人都无法明确指出这些差异的程度的话，那么就不会输给任何人。

"虽然不知道这个人哪里厉害，但是确实是很厉害。"

我认为我玩游戏的技术之所以能够获得全世界的认可，是因为我的实力超出了大家可以理解的范畴。许多人为我疯狂，并称我为"大神"的同时，也感到我身上有一种任何人都无法模仿的、令人畏惧的东西。

反过来，即便是普通人，看到拥有 10 分实力的人，也能够立刻了解他的实力。

因为使用了这个必杀技；不断使用这种组合招式；这种防守方式很有效……这些全部都是可以用语言分析的实力。

但是，无法明确说明，却拥有强大的实力，或许就是终极的状态吧。

难以用语言解释，也无法分析这种强大的实力。只有拥有这种实力的人才知道其中的秘密。有这样选手的比赛，才有"神"存在，才会让人兴奋不已，心醉神驰。

可以简单地向他人学习并获得 10 分的实力，但是，11分、12 分、13 分的实力是没有办法通过语言的传授来获得的。即便是想用语言表达，也只能说："是尝试所有可能性后获得的结果。"

这既不是技巧也不是方法论，而是有关态度和生存的问题。也可以说是对待游戏的方式，以及决心之所在吧。

我无法要求所有的玩家选择和我相同的路。我比任何人都清楚这条道路的艰辛与痛苦。虽然我是从这条道路走过来的，说出这样的话会有些奇怪，但是对于刚开始玩游戏的人来说，这是一条会让人痛苦到难以呼吸的道路，我绝对不会推荐他们走这样的道路。

虽然如此，仍然还是希望自己获得更加强的实力的话，只要独自去走一条没有人走过的道路即可。最后，只有获得无法被他人模仿的强大，以及无法被人理解的实力的人，才能够被称为是世界最强者。

感到幸福的瞬间

行进在无人行走的险峻道路上，终于获得了 10 分以上的实力时的快感难以用言语表达。

"我是无敌的。"

就是这样一种全能的感觉。因为知道这种感觉，所以，即便在黑暗中也能够坚定不移地朝目标前进。这也许是只有我自己才能感知到的非常离奇古怪的动力。

可能很多人会想："如此辛苦的话，那么我只要获得 10 分的实力就足够了。"但是随着时间的推移，当我不再输给那些轻松拥有 10 分实力的人的时候，"我终于努力到了这一步"的充实感，是任何事物都难以替代的。

也许只有在那一瞬间，我才是幸福的。

虽然费尽千辛万苦，拥有了能够压倒所有人的实力，但是游戏更新时，必须再次踏上黑暗的征程。

我认为这并不是常规意义上的工作。

我并非只是单纯地想要享受游戏，而是在不同的维度上思考游戏。游戏终归是游戏，我真正的目标在于自身的成长。因此，我敢于选择黑暗且险峻的道路。

虽然费尽心血获得了无人能敌的实力，但也只能立刻放弃。明知结果如此，我也会选择继续努力。尽管品尝快感只是一瞬间的事，但是仅仅想象一下自己终于冲破黑暗，迎来光明时的场景，就会感到前途无量。

也许，拥有的 11 分、12 分、13 分的实力能够维持 10 年、20 年的强大，就会有人努力争取。

但是，我并不会这样做。

为了获得瞬间的快感，无论怎样辛苦，我都能迎难而上。

第三章

游戏·绝望
·麻将·护理

退出游戏

成为世界第一后，我在日本国内举办的大赛中也多次成为冠军。

于是，大家评价我是"10年一遇的天才""世界最强的格斗游戏玩家"，还有人将我称为"神"。

实际上，我之所以能在游戏上做到这种程度的努力，是因为我坚信只要不断努力提升自己，总有一天会改变周围人对游戏、对我的看法，在某一天一定会得到所有人的认可。或许，我曾经这样期待过。

我也曾这样幻想过：格斗游戏是一种人与人之间的竞赛，在这样的领域不断钻研的话，总会发生一些事，或许也会有重大的发现。

但实际上，游戏本身并不会发生重大的改变。

周围有的人也说："只玩游戏是不会出现奇迹的。"

当时，没有以玩游戏为职业的人，我在比赛中获得的胜利也无法帮助他人。因此，我只是每天关注如何打败眼前的对手。

同时，另一个自己一直在窃窃私语：为了比赛而不断努力的话，也许会发生一些事吧。

虽然可能不会出现这样的事，但或许终有一天会有人认可我的努力。也许最终结果是只能够得到他人承认我的游戏技巧高超，但我所从事的游戏是离不开"理解他人"，并且仅依靠表面战略也无法持续获胜的高尚的领域，这一点大家还无法理解。不过，如果在这一领域不断钻研并不断获胜，终会获得人们的认可。

而这些评价，将会改变我的人生。

我或许是这样期待的。

也曾想改变周围人对游戏的看法。

我也曾希望大家看到有像我这样认真思考、竭尽全力钻研的人时，能够想："可以再稍微关注一下游戏吧"。

当然，我没有想过游戏能达到和棒球、足球并肩的地位，但是游戏可以成为近似职业的存在也是不错的吧。

因此，我觉得终有一日游戏会被大家认可，为了那一天的到来，我需要不断地成长，让所有人感到震惊。

我经常一个人进行采访的模拟练习。

"梅原先生，您是以怎样的想法坚持玩游戏的呢？"

"（来了！）我……"

如果被问到这个问题，我准备这样回答："以怎样的决心来对待游戏？那就是不输给任何人的热情。"我在脑海里曾这样演练过。

可是，状况丝毫没有发生改变。

随着年龄的增长，我在面对游戏时却无法保持以往的心态了。这样下去的话我无法成长，这种程度的努力也无法和别人诉说。如果那个时候被采访的话，我想大家一定会惊讶："还有人对游戏有这样的想法啊！"

但是，我害怕让大家看到没有成长的自己，更重要的是无法原谅自己。我无法通过游戏向他人传达任何内容，我选择了放弃。

因此，我决心离开游戏世界。

对我而言，游戏并不是一种轻松的娱乐项目。失败了，或者说在游戏领域中我感到无法继续努力的话，是和失去生存勇气同等重要的事。

因此，我只能放弃游戏。

选择麻将之路

2004 年秋，23 岁的我离开了游戏世界，开始烦恼今后的出路。我当时思虑的不是如何能养活自己，而是觉得必须要找到一种能代替游戏的事情。

我不擅长运动和学习。最好是选择需要决定输赢，并且是以人为比赛对象的事。需要和人一决高下的比赛才有意思、有意义。

选项有两个，麻将和台球。我想用对待游戏一样的热情，认真钻研其中一个。

我在 18 岁的时候学会了麻将的玩法，当时偶尔会和在游戏厅认识的朋友们打麻将。另一方面，我从未接触过台球。我了解到台球曾兴盛一时，有职业台球群体，但调查后发现在日本没有职业的选手。

最后，我决定认真开始麻将事业。

选择麻将的话，可以在麻将馆打工边钻研。考虑到经济上的问题，这样做既兼顾了生活，效率也会更高。我选择了一家刊登在《现代麻将》广告页上的位于池袋的麻将馆，连专业的人士也常去这家麻将馆，看起来似乎比较放心。

只要有干劲，无论在什么领域我都有信心能够拼命努力。因此，从那以后我每天一边打工一边学习如何打麻将。

麻将馆的工作内容大致可以分为两部分：一是招待客人、端送饮料、制作简单的食物、收拾麻将桌等。另一个就是被称为"代打"的工作，即要补充人数不足的台位或暂时代替去卫生间的客人打麻将。

店里的两种工作大体是分开的。擅于打麻将的人会被安排做代打的工作。我因为想要提升麻将技术，所以自荐得到了代打的工作。

每天早上，从家出发去麻将馆，一边打工一边打麻将。晚上回家以后，钻研麻将的打法。告别浸泡在游戏中的生活后，我发现自己已经开始了天天与麻将为伍的日子。

麻将馆的修行

在麻将馆，我一天要工作 12 个小时。当然，这 12 个小时不是一直在打麻将，实际打麻将的时间是 9 ～ 10 个小时。回家之后，摆上麻将牌，再思考 30 分钟。因为又困又累，无法再增加练习时间了。

和玩游戏的时候一样，最初打麻将时可以说是完全无法获胜。

最初，我认为麻将也是人和人之间的比赛，这样可以发挥我在游戏中积累的各种经验。事实上有些技巧可以运用到麻将中，但是在游戏中磨炼出来的对于胜负的感觉和观察力，意外地没有起到作用。在刚开始打麻将的时候，我还为此吃了不少苦头。

在游戏中，判断的速度十分重要。如果慢慢思考对手下一步将发起怎样的行动的话就会被打败，所以需要快速思考、即时行动。当机立断是比任何策略都重要的。

总之，当你想到"要这样"的时候就要马上行动。如果判断失误没能顺利进行的话，那么，就要立刻意识到自己和对手在感觉上的差异，然后调整自己读取到的信息即可。对方发起了和自己预想不同的行动，那么，就可以假设这个人可能是拥有这种思考模式的人。

这种心理活动和行动的过程，也适用于在普通的人际关系上。

但是，麻将是 4 个人的游戏，并且起手牌也很重要。比起游戏，自己能力所及的范围极其有限。还有，很多时候即使明白问题所在也无法解决。

游戏和麻将在胜负上有着本质的差异。单是接受这一点，我就花费了很长时间。

在游戏的世界，我连续获得了很多次胜利，但我认为我一个人能够获得成就的这种想法完全无法适用于麻将的领域。虽然放弃这种幻想也花费了很多时间，但是从抛弃固执的瞬间我开始赢了。

刚开始玩麻将的时候，总是不自觉地去追求幻想。

虽然我很快就意识到了最好是把幻想和希望都扔掉，但是"只是这样就太无聊了"，有些意气用事。我想证明仅依靠自己的力量也能改变这种状况。

但是，想要坚持固执和自尊就获得胜利，在麻将比赛中并没有这么简单。

最终，在学会忍耐和退让后我变得强大起来。说实话，放弃理想确实很后悔，但另一方面，我的赢牌率也在稳步提升。

从真正开始玩麻将后一年，我终于达到了比其他人稍高一筹的水平。

现在回顾的话，可以说我那时的打法还是很天真的。当时的我，只是不顾一切地拼命打而已。只依靠持续打牌这种单纯的努力，当然会遭遇瓶颈期。虽然也稍有一些获胜的概率，但是赢不了的人是怎么样也赢不了。

因此，我试着改变打法。

池袋的麻将馆有一位麻将技艺远超我的 T 先生。我决定跟随他，哪怕是偷学也要学习他的技巧。我会事先问一声："可以旁观吗？"然后用心观看他的打法。

接待客人的间歇，可以观看的时候，有时一天能看 10个小时。这里面多少也有一些我的虚荣心，我不愿意分神的瞬间而被认为"梅原的干劲只有这种程度"。

站 10 个小时观看比赛确实很辛苦。大多数的店员都是观看 10 来分钟，感叹"的确很强大""太厉害了"，之后就继续工作了。只有我一个人坚持观看。

我无法做到和周围的人采取同样的行动。

"大家，为什么放弃观看呢？"

明知道他人的技艺远比自己高超，却不想参考借鉴。

我想，大概是对待麻将的态度、热情和干劲比较低吧。

总之，我寸步不离 T 先生。当然，正常工作是相对轻松的。即便每天眼酸、背痛、腿发胀，我也一直坚持这样做。一方面不想被 T 先生认为我的努力"只有这种程度"，另一方面我也想得到他的认可，所以一直没有放弃。

无法获得他人的认可也没有关系，但我迫切想得到 T 先生的承认。获得 T 先生认可的话，我会很高兴，变得很自信。我这样想并坚持努力。

我也曾希望父母、朋友认可自己，但是我想要得到认可的玩家，包括 T 先生在内，也只不过数人而已。

这样过了两三个月后，我渐渐地能够模仿 T 先生的打法了。但是，仍旧无法超越 T 先生本人。

此后的半年时间，我一味地模仿他的打法，但结果并不理想。明明使用相同的方法，却无法获得同样的胜利。当我意识到这一点时，已是开始麻将事业两年后了。

"也许，自己不适合麻将这一行业"，我开始想放弃。

每天在麻将馆 12 个小时，只是努力思考如何能够打好麻将这一件事，但却一直无法获得满意的成果。两年，听起来可能很短，但对我而言，是十分紧凑的两年，感觉就好像一直在看不见出口的长长的隧道里前行。

在这种苦闷思虑中，有一天我觉得下决心的时刻可能要到了。这样一想，心情瞬间变得轻松了。

"那么就按自己的方式转换心情，再努力一下，不行的话就放弃。"

我下定决心，再一次认真对待麻将。

磨炼麻将技巧

我想着这是最后的机会，并用这样的态度面对麻将，转换视角开始努力后，竟然能够战胜那些一直以来无法战胜的人了，甚至战胜了 T 先生。以往他即便闭着眼打牌我也无法获胜。我表面上不动声色，内心却有无限的感慨。

"或许，这种做法可行呢?"

我尝试了几种战术，全部奏效。当然，这也是长期积累大量的经验才能获得的结果吧。尝试使用自己思考的战术，获得了相应的结果，这也让我重新找回自信。

有时候只是运气好，但是，渐渐地我掌握了这种包含运气在内的取胜方法。自此之后就不太会输了。

有时，我也有机会和专业的麻将选手过招，没有觉得难以应付。当然，我并不是和所有的专业人士都对战过，也不打算说我已经精通了麻将，但是如果有代表麻将行业水准的金字塔的话，我想我已经达到了接近顶点的位置。

钻研麻将 3 年，我一直细心耕作，犁地、撒种、结果，终于等到了收获这一阶段。今后，我基本上就是站在胜利一侧的人吧。

无论去哪一家麻将馆，大家都会惊讶："这么年轻，技术就这么厉害。"在大久保地区玩的时候，年轻时候和职业棒球选手、专业的麻将选手同桌一起打麻将的麻将馆老板评价我说：

"我看了几十年的麻将，你绝对属于前五。"

我并没有幼稚到将称赞的话都信以为真。但是，我具备与之相应的本领大概还是确实的。

我基于对自己理论方面的自信。即使在以前的我看来觉得"为什么要打出那么危险的牌啊"的情况下，我也能够下定决心，"出牌是有理由的，没什么不可以"。

即便是危牌也要打出。这让我发现了自己出牌的意义。我认为这样做就是一种游戏。

使用自己独特的打法，既能够积极地应对比赛，自然也能高度集中注意力。

我认为，在麻将上能够积极战斗的人终会获得结果。即便是面对麻将这种如此受运气左右的游戏，他们还是会遵从自己的本能。虽然某种打法可能让人觉得是蛮干、无谋，但我觉得从整体上来看这样的人是强者。他们十分懂得引退，制造陷阱。看上去这只是一种毫无防备的打法，但是他们几乎从来不放松。因为在死角边界有一片只有坚信自我才能看到的天地。

我现在去麻将馆，也会被他人称赞"好厉害"。因为我打得比任何人都快，并且毫不犹豫。仅这一点好像就会给人很深刻的印象。

我自身没有意识到，我从一开始玩麻将就是即刻打出的打法。这可能是因为在游戏中自然磨炼出来的"感觉能力"。

麻将技艺得到认可

在麻将的领域，比起达到最高水平，能够得到被我一直崇拜的 T 先生的认可让我更加高兴。

虽然 T 先生比专业的麻将人士还要厉害，但是自己却不想主动打。经常对我说："梅原，你打就好。因为你喜欢嘛。"他一点儿也不想夸耀自己的实力。

为什么他会这样做？

据说他的麻将水平已经达到了顶峰。既没有提升的空间，也不会倒退。因此没有上进心，也就失去了打牌的意愿。

虽说如此，但他的实力也是无可置疑的。当初模仿他的时候，想到"我或许一生都无法战胜这个人"，我几乎想要放弃。包含游戏在内的竞技，让我产生这种心情的，也只有 T 先生一人。

一起喝酒的时候，他说："梅原，你真厉害。我一直看着你。虽然最初你实力并不强，但是在游戏上能成为世界冠军还是有原因的啊。"

听到这些话时，我内心充满了难以用语言表达的成就感和充实感。

同时，我终于意识到自己终于掌握了麻将。

通过麻将，我在输赢这件事上的自信心有了两三倍的增长。虽然在游戏中掌握的那些诀窍无法运用到所有领域，但是拼尽全力的投入方式，这种从我小时候开始就坚持的做法是正确的。能这样想对我来说是很大的进步。

从麻将中学到的道理

正式进入麻将领域后，我用 3 年的时间就到达了行业顶端，我觉得正是因为我模仿强者的打法的结果。

摸牌、出牌。我一直坚持观察这些动作，从中验证自己的思考。一步一步确认我想的和他的想法是一样还是不同。

因为曾认真思考过，所以明白弃牌的理由。有时自己的想法和模仿对象一致，有时自己会感叹还有这种打法。偶尔看不出意图，过后也会询问："是不是因为这样才打出刚才的那张牌？"答复"是的。"以此来确认自己的想法是否正确。

在模仿技艺比自己高的人的时候，他的技能总会成为自己的。当达到和模仿的人相同水平后，再钻研出自己的打法即可。

如果有想要掌握某种技能的想法，那么，应该谦虚、谨慎地掌握基础。在基础还不牢固的时候就按自己的方式去努力、练习的话，最终只会成为一个根基浅薄的技术。

我认为用两三年学习基础是很有必要的，在这段时间要避免固执己见，要去学习一些基本通用的技能。这样打好基础后，就可以自行摸索不同的打法，也可以实践"这种打法怎么样"的想法。

水平达到一定程度后，仅仅依靠模仿是无法打破外壳的。因为自己的想法和行动会被模仿对象看得一清二楚。

在麻将领域，我也曾难以打出自己的特色，仅仅模仿他人的技巧就花费了大量的精力。但是从那之后的半年里，我逐渐形成了自己的打法，并开始获胜。

即使非常努力，仅依靠基础的通用技能，最终也只能获得 10 分的实力。当然，还要取决于依靠这些基础原理是能够维持 10 分的实力，还是最高也只能获得 9 分的实力。可以确定的是，仅依靠基础原理获得的实力是无法超过 10 分的。

例如，不要为了避免出错而放弃进攻路线，要试着以超出常规的速度勇往直前。用更简单的话来说，那就是遵从直觉的战斗。

不能超越 10 分这个"天花板"的人，恐怕是对自己没有自信的人吧。因为害怕依据自己的判断做出行动，所以任何时候都想要依靠理论。结果，无法发挥压倒他人的实力。

因此，才需要有打破外壳的勇气。

在掌握基本技能的基础上，如果能形成自己的特色的话，成绩就会大幅度提升。凭借花费时间积累的经验获得结果后，他本人特有的实力就会显现出来。

超越形式的强大

不超越形式就难以达到 10 分以上的实力，我在游戏领域中也切身地体会过这一点。因此，以下内容虽然有些偏离主题，但我仍想传达给大家。

我时常思考一个问题，自己玩游戏的意义是什么？

如果只是反复使用有固定招数的通用战术的话，任何人都可以做到。只要我将这种固定的操作方式告诉给他人，无论谁做结果都是一样的。

形式化的战斗意味着不需要付出自己特有的努力。这就如同放弃追求，将比赛当作是工作。

我并非如此，我想选择遵从自己判断的战斗方式。我认为用这种决心面对战斗，会比使用形式化手段收获更多的好处。

我相信自己的感觉，并遵从自己的感觉行动。

假设在对战中感觉到了什么，那或许正因为是我才能够感觉到的事物吧。坐在这里，面对对手选择的游戏人物，以自己长期积累的经验为武器来战斗，这正是我长期付出了大量努力才能够感知到的事物。

我认为，自己所感知到的事物不通过具体的形式体现出来是很可惜的。

遵从感觉行动可能会失败；但是，我想一直保持活力。我想感受自己在"活着，战斗着"，稍微有些勉强也要把自己的思考展现在画面上。以麻将为例，那就是无视条理把已经碰的牌打出去。

这就如同推出一种迄今为止没有遇到、也无法预估是否能够畅销的全新商品，并坚信一定会畅销。

我在年轻时也曾过于看重胜利。但是，以一心取胜的心态来面对比赛时，自己的感性就会开始变得迟钝，脑海中也只会浮现一些无趣的想法。固执地认为除此行动之外再无其他可能，并将这种想法当作真理的话，反而会缩小活动范围。

被想取胜的心情所束缚而陷入视野狭窄的境地，是十分无聊且无趣的事情。因此，现在我不再执着于胜利。执着取胜这件事，只不过是照搬理论。

为了获胜而遵从理论行动的这种行为，在一定意义上是理所当然的。但是，一旦过于固守理论就会丧失目的，会质疑自己是否真的想那样战斗而无法专注于比赛。

最近，我比较直率地遵从自己所感知到的事情去行动。只要不是具有毁灭性的想法，我都会立刻将自己的判断反映在比赛中。

然而，随着年龄的增长，我开始对理论产生兴趣。我喜欢上了更顺畅、更狡猾，并且有理论依据、如同精密机器协同运转一样的打法。

一心追求结果的话，脑海里就只会浮现固定的想法。难道没有更有效率、更安全的打法吗？有时自己也会捏造理论，编排理由。那时，我曾逐个尝试为取胜所想到的所有方法。为此，我还不分种类，熟读了大量有关思考方面，以及战术方面的书。但是，随着我的阅读量增加，以及深入的思考，我发现我的战术和理论的部分逐渐变得和他人的一致，这些书也就失去了参考价值。最后我得出了结论：似乎还存在更重要的事物。

总之，陷于固定模式的行为，只不过是想要避免失败，从而可以成名、引人注目，获得他人的认可。然而，这种欲望反而会束缚自己的行动。

因此，我现在时常提醒自己，要和年轻的时候一样战斗。自从不拘泥结果，每天都能发现成长的喜悦后，我感觉找回了年轻时健全的心态。

"创造出只有我能够做到的技能。"

"尝试做自己认为正确的行动。"

回归到这种像孩子一样的单纯后，我的获胜率也提高了。

当然，我从不认为追求理论、道理的行为是无用的。

如果在自己的脑中装满理论和道理的话，在紧急关头就能够发挥作用。但是，重要的是如何使用这些理论、道理，以及如何调整使用时的心态。

储备知识、磨炼技术、积累经验能提高玩家的素养；但是，被一味追求结果的这种歪曲的心理所操纵的游戏，不仅看着很无趣，也无法让对手和旁观者信服。

我认为，能够打动人心的还是遵从本能的纯粹的战斗。如今的我正追求这样的比赛。

最终，我的获胜率急剧上升。从前，我获胜的次数就比其他人都多，在这基础之上，我的获胜率又猛然提高了。从小时候开始，我已经很久没有这种感觉了。用数字表示的话，大概上升了 10% 左右。获胜率上升了 10%，这在竞赛领域是一件非常可怕的事。

人生第一次后悔

结果，我在 3 年后也放弃了打麻将。

当然，我原本打算用一生的时间钻研麻将，我认为麻将也承载着我不得不放弃的游戏的全部愿望，我是用这种态度去对待对麻将的。

我甚至没有对因此失去一些个人时间而感到厌烦。我将梦想、希望、时间，我人生的全部都投入到麻将中。

但是，通过麻将也无法实现我的愿望。

我攀登上了顶峰。为终于穿过漫长的隧道而欢呼。为从此以后，可以作为顶级麻将选手中的一员奔跑而激动不已。

可是，与此同时，某种让我愕然的疑虑涌上了心头。

即便这样坚持，最终和不得不放弃游戏的情况一样，投入的时间越久，那种在绝望下不得不放弃的一天也会越快来到吧？为此我感到忧心忡忡。

或许不应如此。3 年的时光都已经流逝了。

为什么在此之前我没有意识到呢？

如果那一天到来的话，我想我可能无法重新站起来。

我没有考取专业资格证书，自己给麻将画上了句号。

父母感到很震惊："你那么努力，为什么要突然放弃？"

但是我已经想要结束了。

我感到非常绝望。

放弃游戏，也无法将怀着希望选择的麻将坚持到最后……到头来，活到了 26 岁，我还是一事无成。

那时候，我第一次，也是人生中唯一一次感到真正的后悔，"为什么我在学校没有认真学习?"。因为特别懊恼，我甚至开始埋怨曾对我说"不学习也可以，找到自己喜欢、真正想做的事"的父亲。

"爸爸，拜托了，再跟我多说一些。再说一些理解我的话，或许我也不会变得如此悲惨……"

从小时候开始，我就全身心地投入到游戏中，那时的生活非常有趣，还有很多只有身处游戏这个领域才能学到的事物。但是，当对麻将也失去希望的时候，我开始变得软弱。

如果作为人生前辈的父亲教给我许多人生道理;如果我听了那些话，并在此基础上选择了自己前进的道路……

我思考了无数个"如果""可能"。那时的我过于凄惨。

父亲让我遵从自己的兴趣，而我也真的那样做了，结果到了那个年纪，我却开始感到痛苦。

当然，我并不怨恨父亲。后悔以前没有认真学习也为时已晚，我不知道应该向哪里宣泄自己绝望的情绪。我尝试转换心情，或许还有其他的可能性。

我对于将来感到不安。身体健康，也有老家，活下去应该是没问题。但是，这样的话，我就无法获得从小就憧憬的人生，那种充满向往和价值，并能够从中感到热情的人生。

或许以后我会失去人生的目标吧？我感到不安，情绪也非常低落。

现在想想，那可能是我人生第一次遭遇挫折。

现在回想起来，也只有在那个时候我曾感到后悔。虽然很多人不喜欢我的生活方式，但是我丝毫不在意，我的内心也很平静。

"没关系，因为我一直在不断努力前行。"

只在那个时候，我怀疑自己是否选择了错误的道路。对于放弃麻将，我虽然也曾感到后悔，但也没有考虑继续麻将这一事业。

虽然麻将可以让我提升自己的实力，但它也有让人痛恨的地方。我不喜欢怨恨，但也感觉对不起父母。

朋友们都很吃惊，我从来没有反抗过父母。父母也说我不曾有过反抗期。如果坚持去游戏厅可以算作是一种反抗的话，那时我的这种行为也没有遭到父母强烈的反对。因为父母支持我做想做的事，所以没有必要制止我，也没有对我乱发脾气的理由。

现在我也和父母生活在一起，我们一家四口的感情非常好。除夕和新年也都会一起庆祝，这是我们家的规矩，从来没有被打破过。

我经常会被问道："一般会练习游戏多长时间呢？"这时，我会回答："除了除夕和新年的'一年363天'。"我想这两天无论如何也要陪伴家人。

放弃麻将的那一段时间，考虑家庭的时间多了起来。于是，在迷茫中逐渐看清了自己以后的路。

开始护理工作

我放弃了游戏，也放弃了麻将，感到被人生击垮。但是，我不得不活下去。我想我必须做一些事。那么我应该做什么？

有一天，我忽然想到父母的工作。父亲在医院工作，母亲是护士。或许我可以尝试做这方面的工作。于是，我便开始认真思考护理这个工作的可行性。

　　"我想要从事护理工作。"

　　我尝试和父亲说了这个想法。父亲觉得"这也很好"。我感觉，他大概特别高兴。

　　父母或许认为："大吾从小就不调皮捣乱，可以做帮助他人的事，或者选择一条比较安稳的道路。"因此，当我提出要做护理工作时，父母一定格外高兴。因为这和他们的工作有关，他们也能够提供一些建议。

　　父母鼓励我："不知道将来会怎样，首先去试试看吧。"不止这个时候，无论在什么时候我都很任性，也会很突然地做出决定。但父母总是选择包容这样的我。

　　当然，护理的工作并不轻松。从事这项工作的人很多都有腰痛的症状。比如，把老爷爷或老奶奶从床上抱到轮椅上时，主要从腰部发力，长期这样做的话会导致腰部肌肉受损。从事这项工作的人必须要经常锻炼身体，他们的身体都很健硕。

　　虽然我有些担心自己的体格，但还是决定先尝试一下。

但是，这并不是一个很积极的选择。当时的我对人生感到无力，无法做到充满精力地去做某件事。如果选择护理工作的话，我可以跟父母商量，并且这个行业也不需要具备相应的经验。出于这两点考虑，我选择了从事护理工作。

如果更年轻时的我看到这时的自己的话，应该会嘲笑："这家伙还是认输了？"

这是终于松开一直紧握的铁棒的瞬间。

我已经放弃了过有追求的人生的想法。游戏不行，麻将也不行。如果说选择的道路有问题便也罢，但经过这些年的努力，我的收获实在是少之又少。

说不定，我想治愈迄今为止在不断奔跑的过程中内心所受的创伤。

从事能够帮助他人的工作，接触能够帮助他人的人，或许这样我会涌现活下去的希望。

护理和其他的工作不同，既没有绩效，也不要求效率。当然，因为这是涉及人的生命的工作，所以不允许有失误。护理不是那种需要和他人竞争、完全不追求利益的工作。

这是一群温柔的人工作的场所……在追求人生的道路

上感到疲惫的我，怀着这样的想法开始了护理工作。

一开始工作，每天都需要学习新的知识，这让我感到身心疲惫。日子过得很快，没有空闲深入思考人生。但在重复这样生活的过程中，我逐渐修复了内心的创伤。

于是，我也萌生出上进心。

我开始关注护理工作有哪些资格证书，变得积极上进。我虽然不喜欢学习，但是也并不排斥掌握一些知识。刚开始从事护理工作时，不需要考取资格证书，但是有几种家庭护理员相关的资格证书，我决定去听相关的讲座。

没有比赛也能活下去

每天从家出发到福利院的护理工作，让我思考了很多事情。

在我工作的福利院，会根据入住者的病情将他们安排住在不同的楼层。我负责的是入住者病情最严重的 3 楼。

其中 1/3 无法正常沟通。即便能够对话，第二天也会几乎忘记了谈话的内容，或是 5 分钟后就忘记了。能够正常行走的人仅占两成，大部分人都要依靠辅助机械或者他人的帮助才能走路。

我没有觉得这份工作很辛苦。大家都说照顾病人排泄十分痛苦，我却觉得没什么。身体确实会感到疲劳，但是适度的疲劳能够让我的心情愉快，也让我感到工作的价值和喜悦。

对我来说，得到他人的感谢是全新的体验，听到"谢谢"，我就会感到非常高兴。另外，从事这类需要活动身体的工作，心情自然也会变得开朗。结束一天的工作，回到家，我会喝一罐啤酒，虽然会有些疲惫，但我也能切实地感到"今天也认真工作了一天"。由于日常生活中没有比赛、竞赛，长期紧绷的神经也得到了很好的舒缓。

顺便说一句，玩麻将的那段时期，我好像每天晚上都会磨牙。

我觉得这可能是神经紧绷，比赛时压力也很大的缘故。过于放松就会输，我每天都是怀着这样的想法而活着的吧。

当然，护理工作也有紧张感，但是那是无关输赢的单纯的紧张。

即便不在有关胜负的领域，我也能够生存下去。

发现这一事实，自己也从心底感到吃惊。

我从小的时候开始就是日复一日地参加比赛，认为自己只能生活在胜负的领域。但我意识到事实并非如此。

那时候，在没有游戏和麻将、远离胜负的世界里，我心灵的创伤得到了治愈，逐渐开始了新的人生。

尝试重新开始游戏

开始护理工作大约一年半的时间里，我没有想过重拾游戏。

我想这就是普通的人生吧。在福利院，没有展示自己擅长的事物的机会。在立场上，也只能是一边听周围人的安排一边工作。

在游戏的世界，实力就是一切，并且只能依靠自己的力量来证明自己的实力。而从事护理的工作后，并没有展示自己实力的机会，每天都是在平淡中度过。

即便这样，我还是没有想过重拾游戏。但是有一天，我无法拒绝朋友半强制的邀请，时隔3年再次前往游戏厅。

当时正好是《街头霸王4》刚刚发行，我久违地收到了朋友的邀请。

"你肯定会去玩吧。"

"为什么？我已经放弃了。我打游戏并不是娱乐。"

"这可是《街头霸王》系列的最新作品。一起去吧！"

朋友都这样说了，我再拒绝未免显得有些绝情，只好和朋友一起去了游戏厅。

现在回想起来，能够重拾游戏，或许是各种偶然事件相叠加的结果。

《街头霸王4》是时隔9年推出的新系列。在此之前的几年，也就是我离开游戏领域的期间，正是格斗游戏处于下行的时期，很多的格斗游戏迷都担心"这样下去就要结束了"。《街头霸王4》的发售重新点燃了格斗游戏迷们的热情，从那天开始，格斗游戏再次成了新的风潮。

好久没有玩游戏了。一出手，我竟然还是能够获胜。我很感动，体会到了真实的感觉。

也许我觉得没有胜负的生活多少有些不满足。从事护理工作无法发挥我的特长，我也不清楚这份工作是否真的需要我。我并不是不喜欢这份工作，只是感觉好像失去了自信。

从那之后，一有时间我就会去游戏厅。因为是对战类游戏，玩的时间自然仅限于对手集聚的夜晚。从这方面来看，那段时间在做工作时间相对宽松的护理工作是一件很幸运的事情。

在放弃游戏之前，我曾固执地认为："绝对不会因为兴趣而玩游戏。如果不能拼尽全力的话那就选择放弃。"通过暂时告别游戏后，我才发现：即便打游戏只是兴趣，但只要有趣不也是一件有意义的事吗?

我又回到了以往每天去游戏厅的日子。

在新宿打败10人

这样过了一段时间，有一天，不知是什么原因，一群据说是高手的人聚集到了我经常去的新宿游戏厅。

然后，我战胜了这些人。

那场胜利，让我的心情有了很大的变化。这些人中有一直坚持玩的老手，也有年轻的新星。我不由得想到我已经告别游戏大约 3 年了，却还是能够战胜他们，这证明我还是有特别之处的吧。

事后我询问了一下，好像他们听说梅原重返游戏厅了，便一起来到了游戏厅。

我不断地和来到游戏厅的强者进行比赛，最终打败了 10 多位出色的玩家。比赛时，我觉得"这并没有什么了不起的"。

然而，大家都这样对我说：

"居然赢了那么多人，真厉害啊！"

"完全没问题。"

"你说不玩游戏了，是假的吧？"

这让我重新意识到自己拥有不会输给任何人的实力。

与此同时，我也想到了"看来一直以来坚持付出的努力还是非同一般的"。

"让我能获得如此多的胜利，如此多的成果，实在是太感谢了。"

我尝试再一次面对游戏。我想或许可以去参加比赛。

这一瞬间，格斗游戏者梅原大吾彻底复活了。

梅原重启

　　整理好心情后，我重新开始面对游戏。在护理工作的空闲时间打游戏，每次比赛都会让大家惊讶。有时我也会去参加各地举办的大赛。我觉得这样的生活也非常愉快。

　　如果时间再早一点，恐怕我不会产生重拾游戏的想法吧。那不是缩短和游戏的距离，而是将苦涩的记忆连同投入游戏的时光一同封存在了内心深处。

　　我因为游戏再次复活，重新登上了比赛的舞台。

　　2009 年，即《街头争霸 4》发行之后的第二年，举办了全日本游戏大赛。我也久违地参加了这次比赛。

　　"梅原回来了。"

　　大家为我沸腾。游戏杂志编写特辑的时候，还把我重返游戏的经历整理成 DVD 附在杂志中赠送给读者。那时，我看到杂志社将我的经历整理成 DVD，感到非常高兴。

或许有很多人注意到了我的变化。之前关系亲近的人会跟我说："梅原，变了啊。"大概是因为我对别人的态度、语言、举止都变得温柔了吧。

在日本的全国大赛上，我虽然没有实现华丽地复出，但是却被邀请参加第二年 4 月在美国旧金山举办的比赛。之前，我在美国召开的大会上曾多次获胜，也曾参加过几场众人皆知的比赛。

"如果梅原已经复出的话那就邀请他参赛。"或许是基于这样的理由吧。

在美国，也有人问我："为什么离开了游戏?"

"因为结婚吗?"

甚至还有人说："听说你放弃了十分热爱的游戏，还以为你已经不在了呢。"

大家想象力如此丰富，但是我却连只是放弃游戏罢了这样普通的回答都说不出口。在大家眼中我到底是怎样离不开游戏的人啊。

话虽如此，但这次大赛毫无疑问，成了我通向职业格斗游戏玩家的桥梁。

第四章

目的和目标不同

找不到理想和希望

在那之后，作为第一位和赞助商签订合同的日本人，我竟然成了一名职业格斗游戏选手。

在从事护理工作的期间，我一秒钟都没有想到我的人生会出现这样的转机。

成为职业选手之后，我辞掉了护理的工作。和游戏一样，护理这份工作无法成为兼职。

我很感谢治愈了我内心伤痛的福利院，以及那些总是对我说"谢谢"的爷爷、奶奶。时间虽然很短暂，但是却是能够让我真实地体会到活着的意义的一年半。

在福利院结束最后的工作时，我不禁鼻子一酸。

一边做护理工作，一边在闲暇时享受游戏快乐的我，为什么会成为职业的格斗游戏选手？这其中的经历我将放在第五章讲述。在这一章，我想谈谈成为职业选手以后，到现在能够在精神稳定的状态下，面对游戏的这一段期间里，我重新思考的事情。

回顾我的人生，游戏就是我的全部。

到目前为止，我既没有遇到像对游戏那样感兴趣的事，今后可能也不会出现超过游戏的事物。可以说我将我的人生全都献给了游戏。

因为我是这样的人，所以我在人生道路上一次次碰壁。无论是中学还是高中毕业时，看着那些要进入理想的学校或就职单位的同班同学，我无法抹去对只有游戏的自己的厌恶感。

但是，我的内心深处也有这样不可思议的想法：

"每个人都能很好地决定自己的道路。"

对在有限的时间内决定自己道路的同班同学，我感到非常不可思议。他们的选择是否真的遵从自己的意志，我感到十分疑惑。

最近，我有机会结识了一位即将毕业的大学生。

"工作定了吗？"

对方这样回答："是的。因为是自己想做的工作，所以觉得还不错。"他回答得太过于平淡，我反而觉得：真是这样么？为什么是那份工作？那份工作有什么魅力吗？大家真的都是在从事自己喜爱的工作吗？我有很多的疑惑。

或者说，可能大家并没有认真地思考过。

从小学的时候开始，老师就会说："社会上有这些工作，请从中选出自己想从事的职业。"我完全无法理解这种做法。不是迷惑，而是对选项太少而感到强烈的异样。

我曾认真地想过："老师没有将探险家之类的职业列入其中……"

必须从既定的选项中做出选择，这种情况我无法接受。选项中也并不存在我想从事的职业。

我希望老师告诉我原本职业是有数不尽的选项，并指点我怎样才能从事我想要选择的职业。最后，我也没能在规定的时间内做出选择，只提交了一张白纸。

从小学的时候就是那样，到了高中也出现类似的情况。同学们虽然不断抱怨，但也决定了自己前进的方向，只有我找不到自己想要前行的道路。或许是我太任性了，过于散漫，又或许我毫无可取之处……我为此烦恼不已，在内心大喊："我无法决定！"

那时，我觉得自己选择的道路是要持续一生的。

或许大部分的人都没有重视自身感受，只是随波逐流。他们甚至没有想过像探险家这样少见的职业，随意地在有限的选项中做出选择。他们没有和我一样的苦恼，只不过不得不做出选择。

我到现在也难以忘记被要求"从中选出将来自己想要从事的工作"时的绝望。这个世界是否真的如此无聊？生活在日本这个国家，难道只能选择大人指定的道路吗？我感到很压抑。

我原本就是一个不相信大人所说的道理、有些乖僻的孩子。

在学校中也没有关系较好的老师。或许老师们并没有将我当作一个"人"来看待吧。特别是那时班主任的口头禅是："总之要好好学习！"他是将学生看作傻瓜，还是认真在说这样的话？如果是认真的，我希望他能认真地说明原因。

我不排斥认真学习，但是我想知道学习的理由。

为什么要学习？并没有老师告诉我理由。

回想起来，我觉我是一个非常麻烦的孩子，经常想要刨根问底，比起不良少年，老师们可能觉得我更加麻烦。或许他们认为梅原明明是个孩子却总是看轻大人，实在是让人厌烦的小子。

总之，对我来说，学校生活充斥着难以理解的事情。

"构筑理想"这种氛围也让人厌恶。

小学时，老师们心中的理想职业几乎都是棒球选手、学者和宇航员等。以这样的理想为目标是十分优秀的事情，不承认除此之外的理想。我对这种强制推销狭隘理想的做法感到痛苦。梦想真的只是这样吗？不可以有与众不同的梦想吗？

对于当时的我来说，职业电竞选手和游戏就是一切，但始终没有出现一位指导我职业电竞选手这条道路的老师，因此，我的学生时代几乎没有美好的回忆。

即便没有理想

我没找到自己的理想，但是我找到自己想要前进的道路的过程。如何曲折并不重要，重要的是我能否拼尽全力面对当下。

游戏曾是我的一切，我是这样想的。现在，有了些许的改变。给予我成长契机的是游戏，我也没有忘记对游戏的感激之情。并且今后也想在有能力挑战的时候继续坚持。

但是，另一方面我也感觉没必要如此固执。

当无法再挑战时，或者从中感到自己无法成长时，我应该能够毫不留恋地放弃游戏吧。

非常喜欢游戏的我，最终也说出了"没有游戏也可以生活"这样的话。反过来想，即便面对最初不太喜欢的工作，只要全身心地投入，或许也会逐渐变得喜欢。

或者，也有人会在工作之外的地方找到幸福吧。

因此，我认为即使没有理想和希望，首先试着全身心地应对眼前的事也并非不好。

选择了游戏，又诅咒游戏。小时候自己曾那样哀叹"为什么我只会玩游戏？"，但现在我会找出正在做的事情的价值，并全力以赴。

专注眼前的事，细心钻研，并不断努力即可。这样，除了获得崭新的想法之外还会营造积极向上的状态。

例如，无论怎样先尝试努力3年。

3年后，"终于知道了，还是不喜欢，无论如何也无法喜欢"。

我认为，仅仅是意识到这些，也是很好的发现。

与其苦恼自己应该做些什么，首先要采取行动，而不是漠然地等待变化。要依靠自身的行动来改变环境本身。

只要在某一领域坚持不懈地努力，彻底付诸行动，一定能够发现自己真正想要做的事。

拥有兴趣的幸福

有自己喜欢做的事是十分幸福的。

能够将自己的心情百分百地投入某个事物可以说是幸运的。在考虑才能、努力等问题以前，如果能够说出"比起其他事物，最喜欢它"这样的话，我觉得是一件非常幸福的事情。

任何人都能够发现自己喜欢的事。年轻的时候更是如此吧。

如果没有和游戏相遇，那么，我可能会变成一个特别懒惰、从不付出任何努力的人。

想到这一点，我现在才能体会到遇到想要为之付出努力的游戏的幸福。

以前，看到那种玩格斗游戏却随意操作的人，我会感到无法原谅。但是，现在我明白每个人都有不同的想法，对于这样的人，我既不会提出异议，也不会认为他们的做法是不对的。

像我这样把一切都赌到游戏上的人是极其稀少的，绝大多数人都是将游戏视为休息或消遣。到现在这个年龄，我才意识到没必要要求每个人都用和我同样的态度来面对游戏。

我和他人不同，正因为不同，人生才有趣。

最近，我终于认识到这是非常理所当然的事。与此同时，客观审视自己的机会也不断增加。

这样能够发现自己哪些地方很努力或哪些地方缺乏努力。面对他人时，也会诚实地认可对方的优点，并且能够将缺点当成个性来接受。

我觉得我的视野开阔了很多。

我曾短暂地离开游戏。当再次回到久违的游戏世界时，意识到我和别人的不同，我有自己喜欢的事情。这种幸福让我无限感激。

我在放弃游戏，从事护理工作时，总感觉有些迷茫。有一种自己付诸努力的事物并非是自己喜欢的事物这种内疚的心情。虽然我也很认真地对待护理的工作，但是无法投入和游戏同等的热情。

在这种时候，我久违地回到了游戏厅。当我意识到即便这样也能获胜时，过去的痛苦都消失了。那些琐碎的烦恼一下子无影无踪了，感觉到了接触喜爱的游戏时的幸福。

我能感觉到打游戏时，我和平时不同，我充满活力，神采奕奕。

硬撑下去

我从小就没有梦想，也想过如果自己和大家有一样的梦想该多好。但是最终还是无法做到。

我也没有打算说："建立理想吧。"对没有理想的人，我也不曾追问过："你为什么没有理想呢？"

成为职业电竞选手，确实将自己从痛苦中解救了出来，但是却没有想过这也算实现了自己的梦想。

成为职业电竞选手后，我感到从小时候开始的压力终于消失了的喜悦。虽说我一直是因为自己喜欢而选择打游戏，但周围人的评价也相当严苛。没有人明确地要求我放弃，我却一直能感受到周围人质疑"这小子在干什么？"这种无声的压力。我曾想过，如果周围人能够稍微认可我忍受痛苦也要钻研游戏的执着态度，我的心情也会变得轻松。

因此，现在我作为一名职业电竞选手能够堂堂正正地开展游戏事业，我感到前所未有的喜悦。

我曾听说过这样的事，小时候的梦想一旦实现了，反而不会感到高兴。但是我现在的生活很幸福，丝毫不输给小时候幻想过的理想生活。

如同我反复提及的那样，现在的我每天都能感受成长的喜悦。像这样一天天，一步步向前迈进。

从前，我憧憬大悲大喜的人生。

有特别快乐的事要做，为了获得那份快乐能够忍受极大的痛苦，我觉得这样的人生很酷，拥有这样人生的人一定很了不起。但是后来我意识到，那样的人生只会让人感到疲惫。

现在，我觉得那样的人生丝毫没有吸引力。

现在想来，我到目前为止的人生是非常幸运的。14 岁成为日本第一，17 岁荣获世界第一，尽管如此，我还是不得不放弃游戏。在重新选择的麻将行业也达到了顶级水平，但是还是没有获得幸福。

因为有这样跌宕起伏的人生，所以我能很敏锐地感知日常生活中的小幸福。我感觉我终于掌握了此后的人生节奏。

不勉强，不逞强，竭尽所能地过好每一天。

正因为每天都有可能变得单调，所以不能忽略自己的改变，哪怕是很小的变化也要发自内心地享受，细细品味每一天。

因此，我不设立"在某个时候之前必须做什么"这样的目标，只是集中精力完成眼前的事，并郑重地走下去。

无论是被称为格斗游戏之神，还是荣获世界第一，抑或是名字被载入吉尼斯世界纪录，对我来说都不是特别值得骄傲的事。

领域不同，价值也不同。无论获得了多么优秀的奖项，如果明年、后年都无法继续获奖的话，那么，获奖本身也无法被称为成功。

与其这样，我认为按照自己的节奏生活，每天持续成长，结果自然会得到大家的赞赏，也会毫不勉强地坚持下去。

在冲刺四连冠的大会上

年轻的时候我不懂得努力的真正意义，付出了许多错误的努力。

有一个名为"卡普空"（CAPCOM）游戏公司举办的官方认证的比赛，我曾在这个比赛中连续 3 次获得冠军。在 15 岁、17 岁、19 岁的时候登上了最高的领奖台。

官方比赛是淘汰制形式，每次都有不同的获胜者是理所当然的事。即使是评价很高的玩家也难以在这个比赛中获胜。在这样的比赛中取得三连冠，所有人都认可我这种"壮举"。

我觉得我之所以能够蝉联冠军也有一定的运气成分在内。但是，随后在"这家伙水平非同一般"的氛围中，即便是在顶级玩家中，我也是让人瞩目的存在。

然后迎来了挑战四连冠的比赛。我感受到不曾有过的异常压力。在这之前的比赛中我几乎没有感到过有压力，但是随着比赛的临近，压力逐渐增大，胃也开始出现毛病。

　　我开始无法正常吃饭，体重骤减。我觉得比我现在还要瘦 10 公斤以上。这种状态下不会有很高的概率获胜。

　　于是，我犯了个错误。

　　我认为"这是自己不够努力，必须要再逼一下自己"。为了跨越那面墙，我开始逼迫自己拼命练习。一天的大部分时间都花在游戏上，只吃乌冬面。这样的话也不需要花太多时间吃饭，甚至有几天我连东西也不吃了。精神状态越来越差，甚至也无法和他人正常交流。那时我觉得说话很麻烦，无论面对关系多么好的朋友都很冷漠。我精神紧张到了如此地步，越来越无法从容、镇静。

　　结果，我没有实现四连冠。虽然我认为我或许可以达到前 8 名以后的决赛，但我没能战胜压力。

　　处于那样的状态还能停留在前 8，我觉得只是因为我的执念。当时，失败的绝望和比赛结束后的虚脱，使我整个人陷入神情恍惚的状态。

　　接受前 8 名表彰时，我也是坐在椅子上茫然不知所措。

"那样努力还是输了，真的输了吗？这不是在做梦吧……"

这不是后悔，而是让人在意识模糊般的打击下差点失去了自我。

比赛之后，我好像变成一具空壳，我甚至想："那样努力还是不行，原来就算付出努力也有做不到的事情。算了，蝉联纪录也中断了，还是应该放弃游戏。"

实际上，从那之后，有半年的时间我告别了游戏。从小时候开始每年 363 天打游戏的我，竟然有半年的时间没有打游戏，这是非同寻常的事态吧。

现在回想起来，那时没有打赢其实也是一件好事。如果通过那种错误的努力方式取得成功的话，或许直到现在我也会坚持错误的努力方式。不，或许我早晚会吃苦头，到时候我可能真的会放弃游戏。

超越了自身极限，仅限于一段时期的努力，其结果就是逞强。减少吃饭和睡眠的时间的努力方式是无法长期坚持的。

半年后，我终于重拾游戏，也意识到一个很大的误会。

我犯了一个意想不到的错误。我想起来有谁向我请教时，我曾这样说过："你没有努力，你对自己还不够狠。"

因为我拼命努力才获得了成功，所以对我来说那是很理所当然的回答。当时的我相信，不顾一切地付出就等于努力本身。

在冲刺四连冠的比赛上，我将自己逼入前所未有的境地也还是没有获胜。这让我初次意识到即便付出努力也无法获得结果，以及努力的方式有好也有坏。

或许我很晚才注意到这件事，但仅仅是注意到这一点就是很大的收获。即使是现在，一想到如果没有那场败仗……我的后背就会冒出冷汗。

不能做伤害自己的努力

依据至今为止的经验，我能够告诉大家的就是：伤害自己和努力是完全不同的两件事。让我意识到这一点的就是我前面提到的痛失四连冠的那场比赛。

当时我认为，只有忍受痛苦才是真正的努力。没有意识到盲目地增加训练的次数，只不过是伤害自己而已。在没有找到这样做就会有所成长的理论依据和确定性的证据的前提下，我错误地认为用极端的方式逼迫自己才是最佳方式。

并且，错误的努力还会产生强迫观念，也会产生扭曲的想法："这样努力，应该会有结果的。这么做没有结果，是因为这个社会很奇怪。"

我觉得每个人的努力都有各自适合的量和限度。

假设有以穿越各种障碍物跑到终点为目的的比赛，比赛途中有墙，那是只要敲打就可以毁坏的墙；但是，如果遇到敲打也不会倒塌的墙，只要爬上去即可，也许附近会有梯子。这可能就如同只要扭转把手就会发现门没有上锁是一样的道理。从不同的角度思考问题，就一定会发现解决的方法。

尽管如此，有时也会有只要凭借毅力坚持下去就能够成长的这种错误想法。

确实，有时只要不顾一切地付出努力，也会获得成果。但是，也有仅凭借人的力量无法撼动的墙壁。那就是让人束手无策的才能之墙。但这种时候也无须沮丧地说："我的才能只是这种程度吗？"

在这种时刻反而更应该用大脑思考。如果遇到无法撼毁的墙，那就另找方法。或许不需要翻越墙壁，修一条绕开墙的道路可能会更快一些。所谓超越才能的努力，就是能够及时转换思路，想出截然不同的解决方式。

放弃思考，只是消耗时间和完成指定数量的练习并不是努力。在某种意义上，这样做甚至可以说是在寻找轻松的道路。因为使用大脑思考要更加痛苦，所以干脆选择放弃思考，盲目前行。

如果残酷地逼迫自己，选择错误的努力这种方式获得了成功，应该还有药可救。但是，如果没有获得像我那样前8的成绩，受到伤害是无法估计的。或许会陷入无法行动的状态。

如果失败后不能马上振作起来，立刻行动的话，就无法将自身的努力方式称为很好的努力。

错过四连冠，远离游戏半年的我，在朋友的多次邀请下终于重新开始打游戏。

"偶尔玩一次怎么样？"

"好啊，我没有很在意。"

"别那么说，偶尔来玩吧。只有认识的人一起玩。"

时隔半年后再去新宿的游戏厅，我竟然意外地获得了胜利。我发现我比参加比赛之前还要强大。

当时我不知道个中缘由，但现在明白了，那是因为我的心态恢复了正常。我完全能够读懂对手在想什么、接下来会如何行动。这和参赛前的我不一样。那时我完全不理解对手的想法，也无法解读游戏的进展。可能是因为那时的我并不是正常的精神状态吧。

重拾游戏一段时间后，我深刻感到"不能再用那样错误的努力方式了"。

伤害自己，感觉自己似乎是在努力；但是，那样的努力除了会带给自身带来疼痛和伤口之外，不会获得任何结果。

重质不重量

在之前不顾一切蛮干时，我还认为没有达到一定时间就不能称为钻研事物。如果不花费大量的时间就无法提升自己的实力。

但是，现在我不这样认为。

归根结底，重要的是质而不是量。

一天抽出 15 个小时，未必会获得关系到成长的发现。如果将大量的时间花费在钻研一件事的话，就要减少睡眠时间，并且无法正常吃饭，也无法做好健康管理。这样的话，总有一天身体会垮掉而无法继续前行。

没有健康，就无法获得好的成绩。不只是游戏、体育、工作、艺术、爱好，这在任何领域都是共通的认知。

我认为，如果时常保持较高的水准，就会稳定且持续地取得成果。从这点来看，为钻研某件事而花费超出自己极限的时间，不是反倒会失去效率吗？

在很短的时间内，如果有成长和进步的小发现的话那也很好。

即便是找到了一处花 98 元就能买到以往用 100 元才能买到东西的地方，有这样的小发现也足够了。

当被问道："昨天和今天，有什么不同呢？"

只要自信地回答："我找到了一处可以用 98 元就能买到东西的超市"，就可以了。

哪怕只是节省 2 元这样的小发现，如果有心将其看作是自己的成长，也会笑着说"生活变好了"，明天也会继续努力。

反过来，"努力了 15 个小时，竟然没有任何进展"，这种努力是最不可取的。这会使心情变得灰暗，陷入自我厌恶中，从而无法保持积极性。

基本上，即使每天寻找，很多东西也不是轻易就能够找到的。

以前我没有意识到这一点。

那时，我觉得没有将游戏当作工作就不能称为钻研游戏。我感觉"每天做一点点"并不彻底。因此，我甚至认为如果将游戏当作兴趣的话，那还是不玩为好。结果，我真的放弃了。

现在，我觉得每天用 3 个小时钻研游戏就可以了。

和没有任何发现的 15 个小时相比，获得了小发现的 3 个小时更加有意义，并且能够长期坚持下去。

目标和目的的区别

为了持续努力，有必要了解目标只是目标，不应和目的混淆在一起。

在游戏领域，参加比赛应该是一个目标吧。但是将在比赛中获胜作为目的的话，通常无法获得满意的结果。至少我的情况是这样，为了获得结果而参加比赛，却没有获得良好的成绩。

在我错失"卡普空"官方比赛的四连冠，准备放弃游戏的时期，曾有一位朋友邀请我参加某场比赛。那场比赛的奖金相当高。我感觉我可以驾驭任何类型的游戏，犹豫了一段时间后，最终决定参加那场比赛。也就是说，在那次比赛中我只以获胜为目的。

结果一败涂地。

我在比赛中感到非常紧张。因为我是为了奖金才参加比赛的，所以不想输。因此，被对方强硬碰撞后，我甚至没有想要反击回去的强烈欲望。或许我还没有做好对战的准备吧。

只要有付出了不输给任何人的努力的这种自信，无论对手是谁，在心态上就不会输给任何人。但是，以奖金为目的而付出努力的人们的意志却是惊人的薄弱。我意识到了这一点，切身体会到如果目的是错误的，那么万般皆输。

所谓比赛，难道不是享受每天练习的人或追求自身成长的人，用来娱乐或者是展现自身实力的集会吗？也许将在比赛上获胜作为目标之一是可以的，但却不可将其作为目的。

发现这一点后，我明白比起获胜，能够不断成长才是自己想要达到的目的。通过游戏使自身得到成长，进而也充实了人生。现在我正为此而不断努力。

当然，在比赛上以获胜或留下好的成绩为目标也很好。人类有目标才会努力，正因为如此，才能把力量发挥出来。但是，如果过于重视目标的话，目标就会变成目的。一旦如此，就不能理解为何无法获得结果，能够长期坚持的事情也无法持续。

目的是不断成长

我认为比赛只是一个目标，决定了以成长为目的后，就不会过于在意比赛的结果了。无论是赢还是输，我都能以同样的心情来付出努力。每天要做的事不应该被比赛的结果所左右。

在世界大赛上取得胜利后，我也能马上转换心情。恐怕我获胜时的喜悦比别人都小吧。即使胜利了，我也不会摆出胜利的手势。

我并不认为通过比赛获胜能够获得 100 分的喜悦。与之相比，我更想在每日的练习中获得 60 分的喜悦。

60 分左右的喜悦刚刚好。只能获得 30 分的喜悦的话，很难将自己称之为专业人士，100 分则影响过大。

当然，目的是因人而异的。如果想成名，被大家关注的话，那么在比赛前临阵磨枪，并以此来获取相应的结果也没关系。

但是，我在游戏领域中一直坚持不懈地努力，并获得今天这种成果。因此，我必须要不断培养能够持续获胜的能力。

我认为，在比赛中获胜，感到喜悦或是失败时的低落都会阻碍成长。当然，赢比输好。但是，每场比赛的胜利并没有让我感到很大的喜悦。我只想在每日的练习中感受喜悦。

归根结底，重视比赛结果的人，可以说是因他人的评价而改变动力的人。这种人的实力，无论参加比赛与否都不会改变。尽管如此，他们在获胜时感到喜悦，失败时感到沮丧，不正说明人们的评价、拍手喝彩就是他们的原动力吗？

这样的人，如果在没有大型比赛时会怎样呢？即便获胜也没有获得大家的认可时会怎样呢？最重要的是因为结果很容易受运气的影响，如果持续失败的话应该怎么做？如果给比赛的结果赋予一定价值的话，何谈成长，恐怕连精神层面的稳定也很难维持。

对我而言，获胜之后的喜悦只是一瞬间的情绪。仅限于那一天，第二天就会忘记。有的人会持续 1 个月、2 个月的喜悦，甚至也有人近一年都沉浸其中。

这样说似乎有些矛盾，不执着结果的话，反而会获得成果。但这是我的亲身体验，我对此很清楚。

现在，在参加比赛时，我只抱着向大家展示我的技巧的想法："我的技巧怎么样？一定要好好观看比赛的内容。"结果，获胜的概率比只想着"赢"的时候还要高。

格斗游戏也是心理战，因此，能够很容易读懂想要获胜玩家的行动。行动谨慎，有过分依赖理论的倾向。所谓理论，归根结底只是基础，无法只靠这一点取胜。完全依照理论采取行动根本无法获胜，也无法改变自己固执的想法，最终变成像带着辅助轮奔跑一样无法全力战斗。

想着绝对不能输的玩家，绝大多数都会在紧要关头畏缩不前。另一方面，在每天的练习中能够发现 60 分喜悦，即便失败了也会感到很开心。这样想的话就能够以平常的心态去挑战比赛。即便面临危险的局面，也能够做出大胆果断的行动。

总之，现在我没有将比赛置于很重要的地位。也几乎没有想要在哪场比赛上获胜的想法。因为我知道重视比赛的行为会破坏自己成长的节奏。不过于看重只是作为目标的比赛，而将目光转向自身成长这一目的。这一点是与"持续胜利"相关的。

这种努力能够坚持 10 年吗

每天，不断成长……

将成长作为目的的情况下，具体怎样的程度的成长才能够让自己接受呢？正如在前文中提到的那样，人类每天能够付出的努力的量是固定的。

因此，"能否继续坚持下去"就成为一个标准。例如，决定一天 6 小时玩游戏，能够坚持几年呢？

我从经历过"考试战争"的人们那里经常听到"一天曾学习 15 个小时以上"这样的话。虽然觉得这样的人真的很厉害，但是这种努力能持续几年呢？恐怕一年左右就已经是极限了吧。

1 天学习 15 个小时以上所掌握的知识，可能会暂时留下结果。但是，这种知识未必能够牢记。通过付出超越自身极限的努力所掌握的能力，一瞬间就会消失。

尽管如此，如果考试能够合格的话也是可以得到救赎的。但是，一天学习 15 个小时以上还是不合格的话，在精神上所遭受的打击是无法估量的。

如果想要思考适合自身每天努力的量，可以尝试问自己："这种努力能坚持 10 年吗？"

每天努力做的事情既不过于简单，也不会过于困难。如果能够坚持 10 年的话，那么就可以说是适当的量。

当思考是否能够坚持付出 10 年的努力这个问题时，自然也就会发现适合自己努力的量，以及正确的努力方式。

乐队的未来

人类是以什么为目标活着呢？

假设有以正式出道为目标的乐队，即便经验和年龄在不断增长，但是能够实现正式出道这个梦想也只是一小部分人吧。现实生活困难，自己的实力有限，因此，放弃梦想的乐队数不胜数。无论目标是成为偶像、棒球选手、律师还是宇航员，能够实现梦想的人还是仅占少数，这就是现实吧。

既然如此，那么乐队应该怎样做？

如果被他们问道："我们能正式出道吗？"我只能回答"不知道。"因为遗憾的是无论在哪个领域，都没有能够获得与自身付出的努力相应的成功回报的规定。

或许并不存在只要做到这一点就能够正式出道的方法。

在此基础上，进一步询问"即便如此还是想继续吗？"时，如果对方回答："还想继续。"那么我们至少可以明白他们真的非常热爱音乐。

如果是这样，那么也可以建议："先将正式出道的想法搁置一边，今后继续钻研自己的音乐也不错。"

如果不将追求音乐这个目的作为主要的关注点，而将正式出道作为最终目标的话，有可能在没有实现那个梦想时丧失信心。因为我在游戏和麻将上也曾经遭遇挫折，所以我能够深切地理解那种痛苦。

因此，我可以对他们说："如果真的喜欢音乐的话，那就专注音乐本身，继续追求美好的音乐就好了。这样的话，一定不会是坏事。"

如果从未认真地看待音乐，仅凭借运气走进了大众的视线，那之后的生活也会非常辛苦吧。运气不好的话，星途也会很短暂。一旦变成这样的结局，或许会非常苦恼应该如何度过这之后的人生？

无法正式出道也没关系。如果有这种觉悟和热情的话，那么只要认真面对，并继续努力就好了。但是，如果对方没有那种觉悟，我可能会劝告对方："如果只是想受到他人的吹捧，还是尽早放弃比较好。"

为什么要以此为目标呢？

我觉得应该不断重新审视自己的决心。无论是乐队，还是艺人、偶像，可以问自己这是否是真正的目标，还是只是随波逐流，随便说说而已？如果是在30年前出生，自己也能以同样的梦想为目标吗？

"我想成为职业电竞选手，该怎么办呢？"

如果有人这样问我，我会回答："首先要确认自己的决心。"在 30 年前也能说出同样的话吗？是否因为现在已经具备成熟的培育职业电竞选手的平台，才以此为目标？如果无法成为职业选手，也不会出名，也会继续认真对待游戏吗？

我认为能够断言"即使那样也没关系"的人，是不会被结果所左右的，这样的人也具备获得幸福的素质。

我的前半生也正是不断寻找这样道路的人生。

等待时机成熟

最近，在电视上经常能看到昙花一现的艺人。顾名思义，就是通过有个性的段子或技艺，给观众以强烈的冲击，甚至会掀起一阵潮流的艺人。但是遗憾的是，因为他们的技艺过于奇特反而容易让观众心生厌恶。

的确，我想艺人本人也没有想过仅靠这种奇特的技艺在演艺行业生存下去，却还是在电视上展现这样的技艺。当然，在竞争激烈的演艺行业获得演出的胜利，得到观众的喜爱，哪怕只是一瞬间我觉得也是很不容易的事情。

但是，一旦用这样的方法出现在大众的面前，后期想要调整方向会比受到欢迎之前更难。因为很多观众会用"使用那个技艺的那个人"这样的有色眼镜来看待自己。

如果艺人有牺牲剩余的人生也想要演出这样的决心，我则无法随意提出建议。

但是，如果本应该出人头地而没能实现的话，或许不应该出道。并不是说没有付出努力的人获得成功很可笑，而是因为已经出道但却没有相应能力的人，最终会遇到巨大的困难。

在游戏领域也是一样。

有人明明没有获胜的能力，只是想被他人认为自己很有实力，从而在比赛中逞强，即便最终赢得了比赛，也无法长期维持那样的实力。

我认为受到与实力不匹配的关注是不幸的。比起这种能够轻易获取的瞩目，更应该等待时机成熟。在成名之前所忍受的痛苦和愤怒，也会成为提升自身实力的动力。

我现在认为，稍晚一些成名或许正是最幸运的。被大家认为"确实有实力，但就是无法认可他"的人，一旦登上舞台就能毫不畏惧地战斗。有"请向我冲过来吧"这样的精神准备，也就是说因为有信心才能参加比赛。

如果出名的方式与自己的实力不符的话，大多数人都会产生误解，也会变得骄傲自负。另一方面，潜伏期长的人在成名时会具有爆发力，因为他在这之前曾十分辛苦，也不会轻易迷失方向。包括自身的心态在内，他们极具实力，时刻牢记感谢和努力，也相信那一天总会到来，然后明确地区分目的和目标，在每天的生活和成长中逐渐发现幸福。

我正是每天细细品味达到今日这般成就之前的日子而生活的。

建立可持续的循环

没有特殊情况的话，我每天都坚持去游戏厅。

但我的心情确实不会像小时候那样兴奋了。虽然进店之后玩起来也很愉快，但有的时候也觉得今天没有玩游戏的心情。

在内心深处的某个地方，我似乎把去游戏厅当作是我的义务。

没有采访、商谈，以及不必进行网上对战的时候，我总是在傍晚出门，去经常去的那家新宿游戏厅。

职业选手并非能够定期参加比赛，如果在一定程度上没有将训练当作一种义务的话，那么想偷懒时就可以偷懒。即便是偷懒 1 年左右，我也有信心能够在比赛中取得一定的成绩。

但是，尽管如此也不要懒惰。

人类原本有避难就易的倾向。

因此，我认为应该创造可持续的循环。或许这是和意识的变化相同，甚至是比意识更重要的事。

即便放弃了每天的努力，但如果有具体目标的话就会自我洗脑：离比赛还有两个月，今天稍微松懈一下也没关系。这样一想心情就会很放松。然后比赛结束后，就失去了努力的理由。无法保持状态稳定，也就无法维持每天完成固定的训练内容。

我周围也有很多没能坚持到最后的玩家。有很多人在比赛后精力消耗殆尽，从而失去自信，放弃游戏。因为他们过于看重比赛中获得的成绩，所以比赛结束后就失去了努力的目标。

这样的话就无法在这条道路上坚持下去。

我将每天的成长、自身的成长作为目的，因此，任性、偷懒是必须要避免的事情。

时间安排

我每天的时间表几乎是固定的。

最近，我发现每天花费在游戏上的时间在 6 小时左右最为合适。加上练习和分析的时间，实际玩游戏的时间还要更长一些。而只是对战的话 6 小时左右刚刚好。

因为我喜欢深入思考事物，所以之前花在游戏上的时间要更多。空闲时，我会责问自己："你不是要偷懒吧?"但后来我发现并不是玩得时间越长越好。

休息也非常重要。

让大脑充分休息，或许会想到一些好的创意。玩游戏并不是人生的全部，品尝美食、锻炼身体，这些事最终都会反映到游戏上。

格斗游戏也是精神战，一旦身心的平衡被打破就无法获胜了。

我每天的时间安排是这样的：

10 点：起床

有时会进行增肌训练到傍晚，有时会写专栏，与他人见面、商谈等。总之很忙。几乎没有一天完全空闲的时日。

17 点：出发去游戏厅

用一个多小时骑自行车去新宿的游戏厅，和相熟的朋友对战。有时候会有人找我签名，或者一起拍照。有一次，在平时不经常去的游戏厅，工作日的白天，一个看起来十几岁的年轻人对我说："梅原先生，对不起，打扰您工作了。"有人对一位在工作日的白天玩游戏的男人说这样的话，让我觉得很有趣。当时我很高兴地给他签了名。

24 点：回家

从新宿骑自行车回家。骑自行车可以解决缺乏运动的问题，在进行一些轻松的运动时经常能够浮现好的想法。

凌晨 3 点：睡觉

回家后洗澡，上网查看一些资料，睡觉。

像这样，几乎没有空当。或许我不喜欢完全空闲的时间，因此会有意识地安排好每天的活动。

即便比赛临近，我也不会随意调整时间表。我不想打破平衡，尽量不做出改变。这样既可以维持自己的节奏，又可以立刻了解这样是否合适，因此能够毫不勉强地持续收获 60 分的幸福。

不要被时间表束缚

虽然每天的时间表是固定的，但是彻底遵从时间表行动也并非益事。如果为了不破坏时间表而刻意维持的话，时间表反而会成为心理负担，导致节奏被打乱。

例如，没有必要为了完成时间表上的行动而拒绝好朋友的邀请；喝酒后的第二天，可以比平时早一些起床，也可以比平时晚一点睡。要是被自己制定的时间表所束缚，则是本末倒置。

第一，我认为为固守时间表而放弃正常交际的人生毫无意义。或许会被他人认为是个讨厌的人吧。因此，比起和朋友、熟人的关系失和，我更愿意选择为了恢复被打乱的节奏而让自己稍微辛苦。

无论是对职业电竞选手还是对一个社会人来说，人际交往都是不可或缺的。

整天和游戏相处的人，很容易被人联想成是一匹单打独斗的狼。但是，我不是那样帅气的男人。从人际交往中也可以学到很多东西。从与游戏领域毫无关联的人那里也能够学到很多知识，并且和关系亲近的人一起喝酒会很自在。如果是有关精神层面的建议，即便对方完全没有游戏知识，也应该倾听他的建议。

老师无处不在。

如果自己本身有想学习的意愿，在与人交往、读书中都能有所收获。

格斗游戏是人与人之间的较量。将两人联系起来的是游戏，但是比赛的则是两个独立的个体，正因为如此，才应该重视和人接触的宝贵时间。

每次上5级台阶即可

"怎样才能提高游戏水平？"

我经常被问到这样的问题。提高游戏水平只有每天练习这一条路。尽管如此，但真话有时无法成为好的建议。因此，我会建议大家先集中注意力做好眼前的事情。

"总之，请先登上眼前的5个台阶。"

如果这样说的话，即便眼前漆黑一片，很多人应该也会登上台阶。大概任何人都认为自己能够登上5个台阶吧。但是，如果说"请登上500个台阶"会怎样呢？可能大多数人会觉得"那么高……"，从而退缩吧。这种情况，不要说登5个台阶，有的人甚至会放弃登上台阶。

不要看太远的地方，先登上眼前的 5 个台阶就行了。再看到 5 个台阶的话，再继续登就行了。如果这样每天上 5 个台阶的话，那么登 500 个也不会感到痛苦吧。如果一开始就热血沸腾地说要登上 500 个台阶，那么往往后面无法坚持下去。

也许是因为我没有什么计划性，所以才会这样想。但是，不设立过于宏大的目标，只集中精力做好力所能及的事情，终有一天会突然发现自己已经处于之前不敢想象的高度。

比获得世界大赛冠军更开心的事

在每天的小成长中，有时会遇到一些大的成长和发现，那就是感觉我现在可能闯过了某个难关的瞬间。

在这个瞬间，我会格外兴奋。60 分的喜悦会变成 80 分左右。今天有好的发现时，心情也会很愉快。

这虽然只是无人理解、仅在自己内心的发现，但是在那一瞬间，我感到内心很充实。无论我在比赛中赢了谁，我也不会感到特别高兴，但是有了新的发现就会单纯地感觉很开心。因为有时会有这样的喜悦，所以我才能坚持每天努力吧。

另一方面，我尽量不看重输赢。

赢了不会喜悦，输了也不会气馁。结果终归是结果，对我来说，还有更重要的事等着我去做。因此，无论是赢还是输，我马上就会忘记。

因此，在精神上打败我也许是不可能的。即便在比赛中失败，我也不会因此而屈服。因为对我来说，最大的敌人归根结底不是对手而是我自己。

几乎所有的玩家都会赌上一时的胜负而过于执着输赢。

比赛时，会给对方施加"快点儿认输"这种压力。结果却未能所愿，感到筋疲力尽。"这家伙，完全不服输啊"。

我和比赛对手所想的事是完全不同的。因为我每天专注于自己想做的事，所以不会过于看重输赢。当然，参加比赛时也不是说完全不考虑输赢，但是我不会过于在意输赢。

能够从比赛中有所收获的便是成长。

无论是从胜利中有所收获，还是从失败中学到知识，都是很好的事。

如果有打败我的玩家出现，我甚至还会非常感激。因为他让我找到新的课题，而在攻克新课题的过程中我就会有所成长。

对我来言，比起在世界大赛中获得胜利，在每天的努力中收获的大发现会更令我兴奋。因为，平时我就努力不让自己感受 100 分的喜悦，所以 80 分的喜悦就是我最大限度的喜悦。

糯米团子店的老奶奶教我的事

在发现这件事之前，我正处于对单调的生活感到厌倦的时期，有一天偶然间听到的一句话带给了我强烈的冲击。

那是在看电视的时候。电视上正在访问在日本关西经营一家老字号糯米团子店铺的老奶奶。她似乎是第几十代的店主，年龄近 90 岁。面对采访，她用缓慢的语速说出了下面这句话：

"每天坚持做相同的事，是最辛苦的。"

也许没有人会留意一个 10 秒左右的采访吧。

但是，当我听到这句话的瞬间，和自身的状况一对照，竟然全身汗毛竖起。

我从心底认为"这个人很了不起"。

也许这和我追求的每天都有一点变化在意思上不太相同，但是，老奶奶一直坚守着几十代人传承下来的传统味道。正是因为她数十年如一日地持续努力，才保证了糯米团子的品质吧。

糯米团子店的老奶奶并没有打算让所有人认同自己的想法，也没有在炫耀，更没有打算对当今缺乏毅力的年轻人进行说教，只是在说自己所做的正是这样的事，仅此而已。

老奶奶的话，令我的内心久久无法平复。

这句话让我意识到，坚持是十分重要的事，也是最不能改变的事情。或许老奶奶也有过艰难的时期，或许也曾怨恨过"为什么 定要经营糯米团子店呢？"，或者也有过"我一定要继承吗？"这样的烦恼……我觉得电视上老奶奶的发言正是经历过这样一切辛劳后发出的感慨之言。

我也希望自己能有同样的精神状态。

当一个人寻求大变化、大成长，却难以实现时，他的积极性就会逐渐消失。因此，我希望自己能够满足于每天都有一点的小变化，将坚持当成一件很重要的事去执行。

我并不想得到快速的成长，立刻掌握一些绝技、必杀技，等等。即便无法立刻提高水平，只要一步一步地登上一个台阶就足够了。

每天，为了能够得到60分的幸福，除了练习的时间以外，认真休息也是很重要的。为了明天养精蓄锐，也是持续努力的一环。

很多人觉得只有花费了一定时间才能称得上是努力，但有时付出了超越自己极限的努力却没有获得成果。无论是6个小时还是3个小时，只要每天保证固定的练习时间，然后集中注意力去做就可以了。完成后便可以信心十足地休息。

重要的不是花费时间，而是即便每天只花费极短的时间，也要坚持下去，然后从中发现自身的变化和成长。像发现比其他地方便宜2元钱的超市这样的小变化也很好，只要意识到这样的变化，从中感受自己的成长，这样的生活才是最好的。

没有休息日的生活

一天当中除了练习以外，我在其余的时间都会好好休息，即便没有单独的休息日也会抽出时间休息。

为什么这样说呢？可能有时候真的很疲劳而不得不休息，但我认为，以休息、休假为目标而工作和终极的幸福之间还是有很大区别的。

在参加只是追求结果的比赛后，我也会想要休息几天。通过努力在比赛中获取成果后，会感觉"终于结束了，太棒了"，从而心情舒畅。休息一段时间后，然后再重新开始努力。

但是，日常生活中一直持续这种循环的话，对于付出努力这件事也会逐渐感到痛苦。而且终于获得成功，迎来期盼已久的假期时，我也并没有感到格外开心。原本是为了能够休息而坚持努力，但迎来那一天后反而无法让我感到快乐。

因此，坚持适度的努力，愉快地度过每一天是很重要的。人生，不要寻求分界点，而是要不断前行。

无论是今天、明天还是未来的每　天，都要付出适当的努力，愉快地度过。我就是因为持续这样的生活，才能不断刷新游戏纪录，同时也能够感受到自身的成长。

设定一个目标，并且决定在一定时期内为此付出努力，这个目标则会变成生活的全部。达不到目标时就会一蹶不振。

而每天不断努力，感知自身成长，这样每天都会很愉悦。比起总有一天会到来的大幸福，对我来说每天过得都很愉快才是更幸福的事情。

现在，我虽然没有休息日，但是每天都过得无比愉快。

第五章

感谢游戏

职业选手之路（上）

事情发生在我从事护理工作的同时，以新的心情重新开始游戏约一年后。

2010 年 4 月，我得到海外游戏周边机器制造商"疯猫（Mad Catz）"的赞助，成了职业电竞选手。

是否有意向成为日本第一个职业电竞选手？我能够接到这个从未想象过的邀请，和我在 2009 年的格斗游戏世界大赛"Evolution 9"中获得冠军有很大关系。

但是，成为职业电竞选手绝非易事，更不是理所当然的事。

是偶然召唤了偶然，还是我一直以来的努力得到了回报呢？

我原本还在犹豫是否要参加那场比赛。

虽然我决定了和游戏相伴一生，但是因为还在继续从事护理的工作，所以登上真正的世界性的舞台，我觉得好像并不现实。

在那时，我收到了一个比赛的邀请。

2009 年 4 月，我作为玩家收到在美国召开的《街头霸王4》美国选手权决战比赛的邀请，作为特约选手出场。当时的日本冠军伊予、全美冠军贾斯汀王、韩国冠军Poongk，加上我4人要进行一场表演赛。

2009年《街头霸王4》卡普空官方全国大赛是我回归游戏后参加的第一场比赛。

结果我止步16强，并不是优异的成绩，但是那时在日本格斗游戏业界中"梅原复活"的消息已经迅速传开，我参加了一些大型比赛，也遇到了许多玩家，可能多少也引起了业界的关注。

虽然不确定主办方邀请我的经过是怎样的，但当时的我非常感谢主办方邀请我，也非常感谢他们对我的认可。自己擅长的事得到业内的认可和赞赏，这是一件非常幸福的事情。

我怀着"虽然有点远，但举办方特意邀请我，就去参加吧"这样的心情，轻松地前往举办地——美国旧金山。

虽然是我重新回归游戏后第一次参加国外的比赛，但比赛当天我的情绪非常稳定，也没有因紧张而用力握操纵杆。

在异国语言交错的狂热空间中，4人的战斗终于拉开了帷幕。

我的首战对手是韩国冠军 Poongk。他当时在国外的战绩并不理想，受关注的程度也比较低，但是他后来成为有"杀手"之称的选手。我表面平静，内心则充满斗志，不给对手任何可乘之机。

我使用的人物是隆，Poongk 也同样选择了隆。使用相同人物对战，能够清晰地看出双方的实力。对我来说这是不曾料想到的展开。熟悉隆的底牌的我，轻松地连取 4 局击败韩国冠军，毫无悬念地实现了首战告捷。

接下来和日本冠军伊予之间的比赛则是一场紧张的争霸赛。与之前不同，这次我没能很好地掌握比赛节奏，我获胜 2 个回合，而对方赢了 3 个回合。这样下去情况会越来越糟，如果不采取更加果断的进攻方式就无法抓住获胜的机会。这时，我及时转换了想法。我不顾危险积极进攻，赢得了第三个回合。比赛随之进入最后一轮。

正是在彼此都没有退路的情况下，我才能发挥真正的实力。明知危险，却仍跳入险境，勇往直前。最后，我用下蹲出拳引诱对方防守，看准对方身体僵硬的一瞬间，使用投技，一击必杀。当主持人宣布结果，以及周围观众的喝彩声传入耳中时，我终于放下心，长舒了一口气。就这样我获得了两场胜利。

接下来是与美国冠军贾斯汀·王的比赛。他在当天的美国锦标赛上获得了冠军。

但是，这场比赛变成了我的四连胜之战。

在和贾斯汀的对战中，我一直保持着冷静。既没有决意必胜也没有失去判断能力，手自顾地操作，将人物引导至最佳状态。每次组合技的奏效都会引来观众的一片呼声。国外赛场特有的热烈的欢呼声没有对我造成干扰。我全神贯注将贾斯汀操纵的人物鲁弗斯的动作完全封杀。后来，主持人举起我的手，面露笑容宣布胜利者的名字。那是我获胜的瞬间。

这样，我破例得到了"Evolution 2009"比赛的入场券。与此同时，由于我连续打败了日本、美国、韩国三国冠军，"梅原完全复活"的消息在全世界广泛流传。

职业选手之路（中）

我认为得到职业电竞选手的签约邀请不是由于某一个

契机。

这和本书开头提及的 2004 年我和贾斯汀·王一战，在网络上引发热议也有关系，原本我曾多次在美国举办的比赛中获胜，因此，我认为或许多年前"疯猫"就开始关注我了。

在我退出游戏领域后，曾有 4 年半的空白期。重返游戏不久后能够接到如此宝贵的邀请，是因为我当年在"Evolution 2009"比赛中获得了胜利，这样想也是理所当然的吧。如本书开头所述，"Evolution"是世界最大级别的格斗游戏盛典。

2009 年 7 月是"Evolution 2009"总决赛。挡在我前面的是迄今为止曾多次激烈对战的美国最强选手——贾斯汀·王。我们曾在淘汰赛中相遇，而我获得了胜利。但是在失败者复活战中，贾斯汀又一路杀回到总决赛中。

比赛开始前，贾斯汀从座位上站起来的同时，面向观众席高高举起了拳头。观众们像是回应他一样站起来高声欢呼。选手向观众打招呼等粉丝服务是海外赛事中常见的光景。如果只是参加过日本的比赛，经常会被海外玩家和观众展示的狂热所震撼。一旦比赛前被充满异国情绪且独特的气氛所吞没，就无法冷静地思考、做出判断，也无法发挥平时的实力。

坐在煽动观众为自己呐喊的贾斯汀旁边，我的内心很平静。

参加了无数次比赛的我，已经不会被比赛特有的热烈气氛所迷惑，更不可能因此退缩。

即便这是云集全世界格斗游戏玩家的世界大会"Evolution"的决胜战，我也丝毫不会动摇。无论何时、何地、和怎样的对手、在怎样的情况下对战，我都能够像平常一样应付。

随着贾斯汀再次落座，观众的情绪更加高涨。在超过3000名观众的注视中，决定世界顶点的胜负之战拉开了序幕。

贾斯汀选择的人物阿贝尔，是让很多选手十分苦恼，并且很有个性的人物。但从人物特性上来说我也不太擅长使用。率先展开攻势的我，连续掌控了2个回合，领先拿下一局。

"Evolution"的总决赛是以2个回合为一局，连胜3局者成为获胜者。但是，在决胜战中，对于从失败者复活赛中实现逆袭，参加总决赛的选手，和一路晋升的决赛者对战时，必须要连续赢得两次3局的胜利才可以获胜。赛制存在这样的不利规则。另外，在"Evolution"比赛中，每局都可以更换人物。

在第二局中，贾斯汀选择了拳王这个人物。而我，不仅是在总决赛中，在整个"Evolution"大会上，从最初到最后，我使用的一直是隆这个人物。

第一局获胜，我的心情刚刚稳定。紧接着第2局、第3局、第4局，贾斯汀完全无视不利状况连胜3局。他非常巧妙地操纵拳王，并且预判时机的方法非常高明。这不仅消除了对他的不利，反而让我成为处于劣势的一方。

在赢得第4局的瞬间，贾斯汀再次起身，向观众隔空击掌祝贺。而我仍是纹丝不动地坐在椅子上，在脑海里反复回味一直以来和拳王比赛的场景，并且集中注意力进行分析。一般人的话，可能会完全陷入焦虑，"坏了，可能要输"。而我会静下心来立刻找出失败的原因，并仔细分析。

另外，面对突发状况，能够做到不焦虑，也正是因为我对自己一直以来的努力充满信心的缘故。

我曾经历过的对战次数超过20万次。

在基础练习中，没有在1/30秒内输入指令就会失效这样的练习，我一直维持在99%无失误的水平。

"没有人能够像我这样对游戏如此投入。因此我没有理由输，也不可能输。"

充足的练习能够让我扭转这种逆境，并使意志变得顽强起来。

我凭借一直以来的努力和自信，在那之后以勇猛强悍的势头连胜两局。胜利已经触手可及。

这时，比赛已经进行了9局，总计超过了20个回合。在接下来的第10局我先胜一个回合，进入第2回合后我依然很冷静。

在此前4月的《街头霸王4》美国选手总决赛的表演赛上，我觉得贾斯汀的水平还差很多，但是现在看来他的水平有了明显的提升，变得非常强大。

但是，最后隆还是以一记飞脚，将用"波动拳"攻击的拳王踢倒在地，获得了胜利。

比赛结束后，我和贾斯汀握手时，我突然回忆起在2004年的"Evolution"比赛上和他初次对战。

从本书开头讲的逆袭战开始到今天的总决赛，大约经过了5年的时间。

曾经一度离开游戏、放弃这条路的我，和一直稳居全美冠军之位的贾斯汀能够再次在"Evolution"相逢，并且还是在总决赛中对战，这究竟有多大的概率才会发生呢？……

虽然没有语言交流，但是"你也仍在坚持"这种喜悦和怀念的心情涌上心头。我觉得贾斯汀也有相同的感受，从我们握手的力度就可以感觉到。

经久不息的掌声和欢呼声在会场内回响，好像要永远赞美我和贾斯汀的这场激战一样。

职业选手之路（下）

从那之后不久，我就收到了成为职业电竞选手的邀请。

因为我过去曾放弃职业麻将选手的道路，所以面对邀请十分犹豫。但是，前来商谈的人（后来成为我的经纪人）非常真诚且热心地劝说我，让我有些心动。

护理工作，也许是让我决定成为职业电竞选手的一个因素。

我在工作中会接触很多生命只剩下一两年的老年人们，在照顾他们的过程中，我切身感到"有些事只有在年轻的时候才能做"。

当然，我明白个中道理，也听说过这样的话。也有年长者对我说过："只有在年轻的时候才能做自己喜欢的事，无论什么事都要积极尝试。"但是，在我从事护理工作之前我并没有这样的体会。我那时候想："为什么只有在年轻的时候才能做喜欢的事？要说明理由啊。"

但是我在福利院，亲眼见证了这个大家熟知的道理："有些事只能在年轻的时候做。"

不能跑，不能走，不能独自进食。5分钟前发生的事情也会忘得一干二净。福利院里的那些老人们能够做的事情真的十分有限。

能够自由活动，打游戏不会输给任何人，这是多么了不起的事情。对此，我有了最直接的体会。

因此，当接到成为职业电竞选手的邀请时，我想人生不知何时会结束，不要让自己后悔。日本没有职业的游戏选手，那么可以从我开始，由我来当这个先驱者吧。那时，我下定决心成为职业电竞选手。

当然，踏上一条没有人走过的路是需要勇气的，在这条路上完全无法预估前方的景色。但是，经纪人很有信心地对我说："我一定会有办法的。"我相信他这句话，决定尝试这条路。

当获得赞助商资助的时候，我竟然感到难以相信，"这真的可以吗?"，我可以下定决心投入到曾经一度放弃的游戏中了，我感到非常高兴。

"好，努力加油!"

等我发现时，我意识到自己仍和小时候一样，对于游戏的感情并没有改变。并且，这次我没有丝毫犹豫，想要全身心地投入到游戏中。签下赞助合同的瞬间，我有一种从玩游戏以来，第一次得到认可的感觉。

我一直以来只对游戏和麻将倾注心血，有很多事情都不懂。比起他人的夸赞，我遭受的更多是"怎么回事，连这些事也不会"这样的责骂。

我装作不在意他人的目光，而在内心深处却深感羞愧，尽量逃避世人的目光。游戏以外的世界对我来说过于刺眼。

我第一次得到了他人的认可。我曾痛苦过、烦恼过，而跨越这些之后，我终于得到了所有人的认可。

因此，我非常高兴，从心底里高兴。

"玩游戏也是可以成功的，我想一直坚持下去。"

让我产生这种想法的是在签下赞助合同的 2010 年 4 月。这距离我第一次接触游戏的那一天，已经过去了整整 18 年。

每个人都有困惑、烦恼

我认为，小时候在周围人对游戏充满偏见的情况下，还能坚持努力真是太好了。

如果因为被他人批评，或是无法获得他人的认可，就选择放弃游戏的话，那么，到了这个年龄我也无法喜欢自己吧。

但是，回过头来看也不是非游戏不可。有朋友，运动能力也不错，我并非只有游戏这一个可取之处。我只是遵从这种喜爱游戏的心情而一直坚持到现在。

虽然确实存在只有通过游戏才能品尝到的喜悦，但是被痛苦折磨的记忆却更深刻。选择游戏这条路是好是坏，直到现在我也无法断言。

现在，我想认可能够一直持续这种状态的我。

假设自己喜爱的事物不是游戏，我可能也会努力到现在。因为我原本不是一个会被他人意见左右的人，所以我一直都保持无论他人怎样说，我都不会动摇的态度。

但是，我觉得正是因为我找到了自己喜欢的事，所以才能专心致志地付出努力。

决定出版这本书以后，我有了一次去科威特的机会。在那里，我认识了一位日本留学生，是即将毕业的大学四年级学生。因为他说："我觉得梅原可能没有因为这样的事而烦恼过。"我们开始了接下来的谈话：

"我很苦恼。一直以来我都是随波逐流。虽然有自己的喜好，但因为和其他人不一样便放弃了，和大家一样上了大学。我不知道我是否要这样不明不白地活下去，但我又没有什么特别的地方，于是我就来到了科威特。"

看到他，感觉仿佛看到以往的自己，我能够深切地体会他的心情。也许会有些改变？他就是怀抱着这样的期待漂洋过海来到这里的吧。

即便去了科威特，也无法确保能够找到自己寻求的目标。但是留在日本过着和周围人一样的生活，也无法找到目标。

"梅原哥，怎样才能坚持自己的想法呢?"

我是这样回答他的:

"也许我们思考的时期不同，但我们都是一样的。"

我并不是因为有信心才选择了这条道路。我也曾带着和这位留学生一样的烦恼，一路迷茫走到了今天。

我直到最近才终于觉得有游戏真好。虽然一直迷茫，但是坚持走到今天真好。无论怎样烦恼过、迷茫过，只要认准眼前的路，奋勇前进就好。这样的话，总有一天这条路会变成属于自己的那条路。

感谢游戏

放弃游戏，也放弃了麻将，也品尝到了人生中的第一次挫折。尽管如此，当我一边从事护理工作，一边以崭新的心情重拾游戏时，我的内心产生了第一次想要感谢游戏的心情。

从心里喜欢，却无法堂堂正正投入的游戏。

让我和现在的朋友相遇的游戏。

引导我走向世界冠军的游戏。

还有，不得不放弃的游戏。

最终，不知在我人生中是给予还是夺走了一些什么，甚至连其真面目都不知道的游戏，好像第一次对我露出了微笑。

三四年没有接触过游戏，我却能够获得胜利。我内心非常喜悦，感觉游戏一直在等待着我的回归。

然后，我醒悟到"我已经无法离开游戏"。

那时我没有想过用游戏来做什么。只是觉得"我有游戏，就足够了"。

游戏并非是能够轻易放弃的事物。

从小时候开始我就拼命努力，用超乎寻常的热情来玩游戏，我能够让游戏中的人物按照我的想法行动。一旦游戏开始，就能在画面上展示自己之前想象的战斗方式。

我明白了这是无可替代的，不是任何人都能够做到这一点，甚至终于意识到这并不是任何人都能够模仿的事。

从小时候起我便自我怀疑、迷茫，一直苦恼于如何生存，重拾游戏后我终于想通了：我只有游戏，这就足够了。

因此，我真诚地感谢游戏。

没有游戏的话我只是一个普通人，也没有人会注意到我。但是，在玩游戏时我则与众不同。去美国时会有很多人想要和我握手，邀请我签名与合影。还有杂志和电视的采访，也可以出版自己的书。

人生真是不可思议。

在25岁之前，我觉得很麻烦，讨厌签名和拍照。在支持我的人面前，我真的很想躲起来。而现在，我很高兴能够得到大家的关注。

现在，我能够单纯地想："这是大家对我的认可。"

于是，2010年，我接到了"持续赢得奖金期间最长的职业电竞选手"而被载入吉尼斯世界纪录的消息。

竟然还会有这样的事，我感到十分震惊。对我来说，这或许是来自游戏行业以外的最高评价。

更重要的是，无论我在游戏大赛中赢得多少次胜利，都不为所动的父亲，在看到报纸上刊登的这则消息时，虽然没明确地说出来，但是也表现出为我感到喜悦的样子，这是让我最高兴的事。

后记

鼎盛时期是现在及未来

"梅原先生的鼎盛时期是什么时候?"

可能因为我从十几岁就开始打游戏吧,所以有时会碰到这样的提问。这时候,我一定会这样回答:

"现在,现在肯定是我最强的时期。"

我觉得如果最强的时期不是当下,那么我不应该自称专业人士。

如果明天没有比今天更强的话,我不知道为何还要付出努力。如果不是以持续的成长为目标的话,还是退出比赛为好。

有这样一则知名的故事。喜剧之王查尔斯·卓别林在某一次采访中被问到这样的问题:"到目前为止,您已经创作了许多部作品。那么,您认为在您心目中,哪一部是您最好的作品?"

"Next One（下一部）。"

至少我确信现在的状态是最棒的，才能够一直坚持玩游戏。并且，我认为无论是现在，还是以前，我都是最强的。那是因为，我有总是身处最前方而不断拿出结果的自负和不断超越自我的自信。

从年轻人身上学到的事

既然一直在最前方活跃，就无法避免和年轻玩家对战。

每当新的游戏发行，最开始赢的大致都是年轻玩家。可能是吸收知识速度的关系吧，显而易见，年轻玩家起跑速度快。

年轻玩家和有经验的玩家之间的差异是什么？

那就是"率真"。

如何能够纯粹地面对新游戏？"哦，原来是这样的游戏。那么，可以这样来体会它的乐趣。"像这样能快速接受新事物的人，在一开始的时候具有绝对强大的实力。原本在年轻时能够自然地做到所谓的"乐在其中者胜"，但是随着年龄、经验的增长则逐渐变得困难起来。不是输赢的问题，而是很难享受其中的乐趣。

接纳新鲜事物的同时，也不要忘记向新事物虚心学习的态度。

随着年龄的增长，大量经验的积累，到达一定程度后，就会明白时刻牢记这两件事有多么困难。因为人类十分容易根据自己的情况来思考事情。很容易被以前就是这样、这是常识、那是不可能的这些既定的概念所束缚，难以舍弃偏见和固有观念。

对于这一点，年轻玩家非常单纯，能够迅速成长。他们不会注重既定概念和固有观念，没有疑惑，做决断时也不会犹豫不决。有经验的玩家，不应以环境的变化为借口。如果不能保持学习态度的话，就无法打赢正在崛起的年轻人。

在变化激烈的游戏界，像我们这样的老资格，如果使用"以前……"这样的借口或逃避之词时，我是绝对不会听的。我对那些话并不感兴趣。不如和年轻玩家对战更加刺激。

因此，我每天都坚持去游戏厅。

只有一件事虽然已经习惯了，但还是会感到寂寞，那就是长期以来一起努力、战斗的伙伴，因为不得已的事情不得不放弃游戏。年龄越大就越难在游戏厅自在地玩游戏。时间问题、家庭环境问题、金钱问题，每个人都是将日常生活中的问题和游戏放在天平上不断衡量，总有一天游戏占的比重会变小。

但是，成为职业游戏选手的我则不同。

我没有丝毫的不安，可以随心所欲地埋头钻研游戏。这确实是很令人高兴的事。但是，另一方面我却不得不经历许多离别，这也让我感到很寂寞。

获胜次日便展开训练

人一旦过度依赖过去的荣耀就会变得软弱。

我在比赛胜利的第二天都会去游戏厅。我是特意这样做的。

因为在赢得胜利满足了自己的一个欲望之后，就会获得某种满足感。随之就会松懈，"一段时间不训练也是可以的吧"。这就如同吃饱后，不会再想吃饭。

但是，一旦满足就会止步不前。

并且，这样做不会给周围的人留下好印象。

"那家伙，得了冠军就突然不来了。"

我讨厌被他人这样评论，我本意也并非如此。

当然，这其中也有我不想接受这种自我满足感的缘故。的确，我在获胜后也会感到兴奋、喜悦，但是，那只是一瞬间的心情。因为我认为沉浸在胜利的喜悦中是无法持续成长的，所以那份喜悦仅限于获胜的一瞬间而已。

因此，包含这种自我警醒在内，每当我获得冠军时，我会在游戏厅更加刻苦训练，直到闭店。

比赛时或输或赢，我会对自己说："冠军也没什么，也是有输有赢啊……"

冠军不会持续获胜。对我来说，比起成为冠军，持续胜利、不断成长才是更困难、更有价值的事情。一旦认识到这一点，便能丢掉傲慢，第二天又以挑战精神开始战斗了。

当感觉到处于自我满足的状态时，就更加要狠下心逼迫自己。

我在世界大赛上获得胜利后，带着沉重的行李乘坐第二天的飞机回日本。不仅要倒时差，身体也很疲惫。但是，我还是会去游戏厅。

稍微满足现状的话，就会缩小和紧跟自己身后的人之间的差距。如果没有时刻保持会被赶超的危机感，那么，也就失去了获得奖杯的意义。

第一名的人绝对不能逃避

不能满足于结果 —— 这也是我从亲身经历中学到的。

初中的时候，我有过一段难以忘怀的难堪的记忆。

小时候我跑得快，力气也很大。无论和谁掰手腕都没有输过。上小学的时候同班同学中没人是我的对手，和比我高一年级的学生比，我也没有输过。

"我大概是世界上掰手腕最厉害的吧?!"我半开玩笑地

想，很是自负。

现在回想起来，可能只是那时周围没有太强的人吧。

到了中学我也依然很强大。尽管经常玩游戏，但是和进入体育社团每天锻炼身体的人掰手腕，我也不会输。因此我变得非常得意，飘飘然，觉得自己的这个优势是不可撼动的。

但是，到中学二年级时发生了变化。

我经常不认真吃饭，只是一味地玩游戏，逐渐变瘦了。而体育部的伙伴们的手臂则日渐粗壮。

在教室的一角，掰手腕大赛开始了。一直以来我都是以大相扑的架势参战，"喂，你们这些家伙来试试吗？"；但现在，我萌生出"……现在掰手腕的话，恐怕不妙"这种恐惧。因为我是绝对不想输的。

我觉得归根结底是因为我的力量不是经过努力而获得的实力，所以不想失去。

如果是通过努力所获得的实力的话，即使是输了，应该也会想再努力就可以了。但是，天生掰手腕就很强并为此十分得意的我，很害怕失去这偶然被赋予的实力和地位。

有一天，朋友对我说："梅原，掰手腕啊。"

我感觉绝对会输而逃跑了。

"不行，今天手腕疼，扳不了。"

拙劣的谎言，立刻就被看穿了。

"哦，那么什么时候可以？"

"不知道，总之今天不行。"

"那……明天？"

"明天……嗯，那就明天吧。"

然后第二天。

"梅原，今天怎么样？"

以前，我绝对是最强大的那一方。可那个在角落里瘦小的、一瞬间就会被我打败的朋友，现在成了班级里数一数二的大力士，完全以一种居高临下的态度来向我挑战。"怎么回事？"，这让我很受打击。

我也没有迎接他的挑战，决定先确认一下自己的实力。我让看起来明显比较弱的、在班级排 10 名左右的朋友和我掰手腕。

然后，我很轻易地就输掉了。

"梅原，你怎么变得这么弱啊？"

"啊……是啊……"

"原来那么厉害的。"

这样的话，我当然也不可能扳赢向我挑战的那个同学。

在大家面前比试，然后毫不费力地就被扳倒了。"果然还是输了"，周围的人都表现出了这种扫兴的态度，让我感到更加痛苦。

那时的屈辱感真是难以形容。

过分相信自身实力的自己实在让我很羞愧，对逃避比赛而编造理由的自己也厌恶不止。扳手腕的惨败经历成为我心中的创伤，至今仍刻在我记忆深处。

当时，正好在游戏领域也有过类似的事情。

在 14 岁时，我认为自己是日本游戏领域里最强的。但是有一个人因为在一次日本全国大赛上赢得了比赛而被大家说是最强的。可是，当时他非常固执地逃避比赛。

我觉得他的实力属于顶级水平，技术也是一流的，但一味地逃避比赛或许是害怕在大赛获胜之后会输吧。我提出和他比赛，他也以"今天没有心情"这类理由拒绝。

虽说如此，我并不想打败那样的他。

这让我仿佛看到了当时的自己。逃避扳手腕的自己，原来在大家眼里就是这样的啊 —— 想到这里我就会羞愧难当。

那时我就在心里发誓，绝对不会再做那种不体面的事了。

我认为成为第一名的人无法逃避，也绝对不能逃避战斗。没有站在顶点的第二名、第三名、第四名的人可以不断更迭。但是，站在顶峰的人必须站在高处接受挑战，并且无论什么时候都要堂堂正正地迎接比赛。如不是这样，那就失去了成为第一名的资格。

所谓生存

对我来说，生存就是不断挑战，不断成长。放弃成长，以懒惰的态度生活，虽然仍在活着，但不能说是充满活力地活着。

我觉得应该时常挑战，哪怕经历多次失败也是好的。有时候也会有像跌入谷底那样的痛苦经历吧？但是，趁年轻，无论失败多少次都还能够挽回。年轻时精力和体力充沛，所以一定能够重新站起来。

当然，不是上了年纪就不能失败，也不是趁年轻失败比较好，而是从年轻的时候就开始经历失败比较好。

我希望不断经历失败。5 年后、10 年后自己也能不断挑战和不断失败。

当然，我没有重复相同失败的打算，也不会高兴地说："真好，失败了。"但是，我想成为不畏惧失败的人。

因此，也最好从年轻的时候就开始多经历失败。

随着年龄的增长，身上背负的东西就会增多。这样的话，遭遇失败时就会有好像要失去一切的不安，也会更加担心下一次是否会遭遇失败。

如果从年轻的时候就养成失败的习惯，那么试错就会变成是理所当然的事，就不会惧怕失败。

没有必要主动失败，也没有必要每次都失败。但是，我们应该了解我们可以从失败中学习，以及有些事只能从失败中学到。从谷底重新站起来的人，表情也是不一样的。他的眼中蕴藏着力量，能够感觉到他绝对不服输的信念。和这样的对手对战，无论多久都难以决出胜负。虽然战斗时会让人从心底感到很疲惫，但是不知为什么心情却很愉快。

即便爬也要继续攀登

我也曾经历过很多次失败。我几乎登上了所有和游戏相关的台阶，因此，很多次都登上了错误的台阶，那是些和成功不相连的台阶。

如果发现登上了错误的台阶，就重新返回出发点，再次攀登不同的台阶就可以了。

最不可取的行为就是，一直犹豫应该登上哪一个台阶。

我认为，比起在台阶前为选择正确之路而烦恼的人们，即使选择了错误的台阶也没关系，先登上去的人的进步要更加迅速。

登上错的台阶本身并非坏事，也不会因此而浪费时间。

只要登上台阶，无论是正确的台阶还是错误的台阶，就一定会有所收获。如果在登上错误的台阶而掌握了一些经验，那么，在登上其他的台阶时就会变得容易一些。

只有鼓起勇气，积极登上不同台阶的人才能有所收获。

或许每个人的想法都不同。但至少我从来没有因为登上错误的台阶而苦恼过。

我有过难堪的回忆，也有被打垮的时候。但是，即便在这种时候我也没有因为失落而停下脚步。勇敢地接受失败，反而使我神清气爽地踏上了新的征程。

如果因自己积极的挑战导致的失败而大笑的话，那应该是快活的笑而不是嘲笑。

嘲笑他人失败的人，1年、2年后，如果看到他人持续积极挑战的样子也会笑不出来吧。不仅如此，他们还会说出"虽然失败了，但是那次挑战真的很棒"这样赞赏的话。

有关运气

最后，也想写一些我对于运气的看法。

游戏这项竞技，能力强的人也不一定会100%获胜。不仅无法对比赛进行预判，而且也无先后出击之说。瞬息万变的攻防，会让战况不断发生变化。

更具体地说，玩家甚至无法预估自己采取的攻击或者防守在零点几秒后会发生怎样变化。也就是说，游戏的输赢像猜拳那样，很大程度是取决于运气。

假设在一招击中就赢、失误就输这种容易理解的局面，也完全无法预料对方是出拳头、布、还是剪刀。

当然，通过观察对手的习惯和比赛动向，可以提高必杀技的准确率。水平越高，这种解读的准确度就越能决定胜负。但是，即便如此，解读也不会100%准确。

无论你多么了解对手，也无法解读他一时心血来潮的行动。不幸的话，对手的错误甚至会对我们产生不利影响，这很难断言。换句话说，在游戏中运气这一要素所占的比例比其他竞技项目要高得多。

因此，一两次比赛不能决定真正的胜者。

除了知识和技术上存在很大差异的情况外，我认为短期决战并没有太大的意义。假设有人和同一个对手对战100次，能赢70次，能赢70次的人应该很强，但是在游戏领域，这个人往往有可能最初是五连败。

而且在这个领域，在五连败时做出结论的状况也十分常见。

对这种很不合理的运气要素，我并没有特别在意。

虽然在格斗游戏中它是左右比赛的一个重要因素，但是我尽量不考虑这一点。

我认为尽量如实地遵从游戏的基本，不遗漏对手细微的动向，坚持稳定的努力才是最好的。但是，为了祈求好运而投入大量香资的行为是不对的吧。

以前，我无法接受由运气决定比赛结果这件事。因为格斗游戏是自己所喜欢的事物，是我全力以赴为之战斗的事情，所以我曾想过"要避开涉及运气的比赛"。

反过来说，我有着无论是哪一种游戏我都是最强的这种自负。大多数的日本比赛的规则为：一旦失败，比赛便到此为止。如果这种规则能够调整为更好地反映选手实力的规则的话，那么我想我获胜的次数应该更多。说实话，我觉得如果运气稍好的话我会创造更多的成绩。

但是，随着眼界的开阔，我的想法也发生了变化。

我意识到这样一个事实：依靠运气的人无法持续获胜。持续获胜的人即便运气不好也会不断探寻获胜的道路。

也就是说，他们有着不依靠运气的决心吧。

"和运气好坏并没有关系。"

只有成为能够这样断言的人，才能超越运气的要素，进入神技的领域。

我本意是在这本书中记录即便运气不好也能找到胜利之路的方法。

像《三国志》的武将那样

小时候读的《三国志》中，吕布、张飞、关羽等总是在最前线战斗。或许这是作者润色过的吧。尽管如此，我还是迷恋一马当先，勇猛地冲向数千敌军的武将，憧憬着那样的身姿。我想，如果以这种力量赢得了地位，那么取得地位后，更要像关羽和吕布那样，永远在最前方冲锋陷阵。这是站在最顶端的人的使命，绝对不能得胜而逃。

我也不会一直获胜，我很清楚这一点。战胜衰老的努力也是有限度的，我并不想否定这一点。

但是，我还是决定继续战斗下去，因为我选择了职业电竞选手这条路。

既然难免一死，那么我宁愿死在战场中。

在城墙中安静地咽气的临终，不符合我梅原大吾的性情。

　　像不断跨越生死线的将领们一样，我，今天，仍然战斗在最前方。

出版后记

他 10 岁开始接触格斗游戏，17 岁成为世界冠军，2004年一场美誉为"背水一战"的比赛视频，在全球点阅率超过 2 000 万次，被美国龙头电玩网站 Kotaku.COM 认定为"电玩史上最令人印象深刻的比赛（第一名）"。随后，他短暂离开游戏数年，在麻将界达到顶尖水准。2010 年他回归游戏后，日本首位建立"职业电竞玩家"职种的专业格斗游戏玩家，获得吉尼斯"持续赢得奖金期间最长的职业电竞玩家"的纪录，活跃在格斗游戏期间胜绩无数……

他就是格斗游戏界的传奇人物——梅原大吾。

获胜一次，或许可以归于天分和运气，但获胜 10 次，100 次，则无法以"运气"二字概括。这背后有着常人轻易无法做到的努力程度，以及极其强大的意志力。

在本书中，除了讲述梅原大吾自身在游戏行业的经历，以及两次告别游戏，尝试选择不一样的人生的"冒险"之外，还有诸多他对于胜负的体会和心得和自身的努力方式。作者以自身的经历告诉大家，要注重努力的限度，比起在一段时间内以破坏自身的健康为代价，不顾一切地付出努力，更应该在每天获得一些小提升，以此来获取更大的进步；不要过于看重一次的输赢，想要一直胜利站在最顶端，要以平常心对待比赛，并时刻接受其他人的挑战，这是站在顶点的人的姿态，也是责任；比起赢得比赛，更重要的是要有自己的风格，等等。

读完这本书，你不仅会对一代格斗游戏界的神话有了更多的了解，还会对胜与负有更多的感悟。将其活用在生活和工作中，你也许会创造更有趣、更精彩的人生。

服务热线：133-6631-2326　188-1142-1266

服务信箱：reader@hinabook.com

后浪出版公司

2020 年 4 月

图书在版编目（CIP）数据

如何一直赢 : 电竞冠军梅原大吾的胜负哲学 / (日)
梅原大吾著 ; 刘海燕译 . -- 北京 : 中国友谊出版公司，
2021.4
ISBN 978-7-5057-4998-6

Ⅰ . ①如… Ⅱ . ①梅… ②刘… Ⅲ . ①成功心理—通
俗读物 Ⅳ . ① B848.4-49

中国版本图书馆 CIP 数据核字 (2020) 第 179634 号

著作权合同登记号　图字：01-2020-6337

KATCHI TSUZUKERU ISHIRYOKU
By Daigo UMEHARA
© Cooperstown Entertainment, LLC.
All rights reserved.
Original Japanese edition published by SHOGAKUKAN.
Chinese translation rights in China(excluding Hong Kong, Macao and Taiwan)
arrange with SHOGAKUKAN though Shanghai Viz Communication Inc.

本中文简体版版权归属于银杏树下（北京）图书有限责任公司。

书名	如何一直赢
作者	〔日〕梅原大吾
译者	刘海燕
出版	中国友谊出版公司
发行	中国友谊出版公司
经销	新华书店
印刷	北京汇林印务有限公司
规格	889×1194 毫米　32 开
	7.25 印张　108.3 千字
版次	2021 年 4 月第 1 版
印次	2021 年 4 月第 1 次印刷
书号	ISBN 978-7-5057-4998-6
定价	36.00 元
地址	北京市朝阳区西坝河南里 17 号楼
邮编	100028
电话	（010）64678009

终身成长行动指南

麦肯锡韩国分公司创始人教你突破自身成长极限，打开工作和人生的新局面！

著　者：[日]赤羽雄二
译　者：温玥

书　号：978-7-210-11277-8
出版时间：2019.7
定　价：38.00元

任何人都能够不断地成长，这也是人类最根本的特性。有很多人都认为："能够有所成长是一件很好的事情。"然而，对于成长，大部分人都只停留在"想想而已"的阶段，能将"成长"当做一个真正的目标而采取实际行动的人少之又少。

本书作者赤羽雄二曾在麦肯锡公司工作14年，一手创办了麦肯锡韩国分公司。作为一名出色的咨询师，他在工作时不断迎接新的挑战，开展新的事业。通过这本书，他想要告诉大家：想要"获得成长"并不是一件难事，只要你掌握正确的方法，以及做好心理准备。

在本书中，他深入分析了阻碍成长的几大因素，并结合自身经验，提出了"能够让所有人持续成长的方法论"。从如何建立自信到创造出良性循环，再到和同伴一同成长，只要完成7个行动就能够打破成长屏障，突破自身成长极限，终身都能够看到有所改变的自己。

终身成长

著　　者：[美]卡罗尔·德韦克
译　　者：楚祎楠

书　　号：978-7-210-09652-8
出版时间：2017.11
定　　价：49.80元

在对成功的数十年研究后，斯坦福大学心理学家卡罗尔·德韦克发现了思维模式的力量。她在《终身成长》中表明，我们获得的成功并不是能力和天赋决定的，更受到我们在追求目标的过程中展现的思维模式的影响。

她介绍了两种思维模式：固定型与成长型，它们体现了应对成功与失败、成绩与挑战时的两种基本心态。你认为才智和努力哪个重要，能力能否通过努力改变，决定了你是会满足于既有成果还是会积极探索新知。只有用正确的思维模式看待问题，才能更好地达成人生和职业目标。

德韦克揭示的成功法则已被很多具有发展眼光的父母、老师、运动员和管理者应用，并在实践中得到了验证。通过了解自己的思维模式并做出改变，人们能以最简单的方式培养对学习的热情，和在任何领域内取得成功都需要的抗压力。